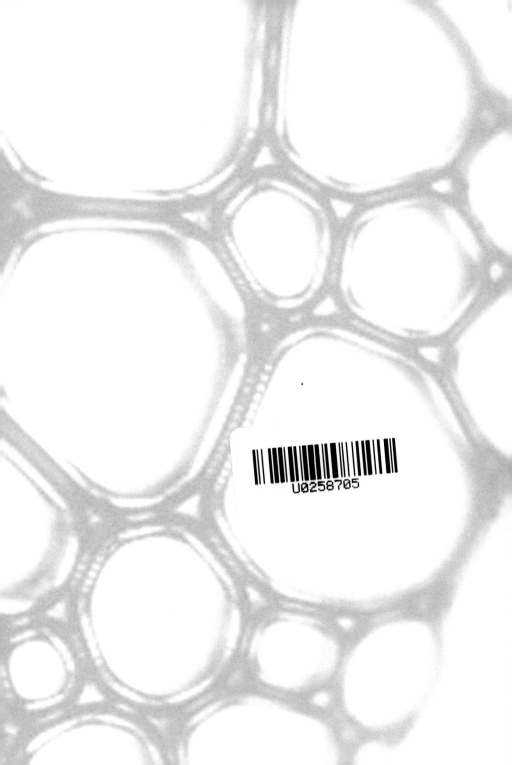

楚尘

文化
Chu Chen

北京楚尘文化传媒有限公司 出品

未来食材的N种玩法

［法］拉斐尔·奥蒙 著

袁俊生 译

中信出版集团 · 北京

图书在版编目（CIP）数据

未来食材的N种玩法 / （法）拉斐尔·奥蒙著；袁俊生译. -- 北京：中信出版社，2017.10

ISBN 978-7-5086-6991-5

Ⅰ.①未… Ⅱ.①拉…②袁… Ⅲ.①烹饪－原料－基本知识②食谱 Ⅳ.①TS972.111②TS972.12

中国版本图书馆CIP数据核字(2016)第273186号

Un chimiste en cuisine by Raphaël Haumont

Copyright © DUNOD Editeur, Paris, 2013

Simplified Chinese language translation rights arranged through Divas International,

Paris 巴黎迪法国际版权代理（www.divas-books.com）

Chinese Simplified translation copyright © 2017 by Chu Chen Books.

ALL RIGHTS RESERVED.

未来食材的N种玩法

著　　者：[法]拉斐尔·奥蒙
译　　者：袁俊生
出版发行：中信出版集团股份有限公司
　　　　　（北京市朝阳区惠新东街甲4号富盛大厦2座　邮编　100029）
承 印 者：北京汇瑞嘉合文化发展有限公司

开　　本：880mm×1240mm　1/32　　　印　张：6.25　　字　数：80千字
版　　次：2017年10月第1版　　　　　印　次：2017年10月第1次印刷
京权图字：01-2017-6375　　　　　　　广告经营许可证：京朝工商广字第8087号
书　　号：ISBN 978-7-5086-6991-5
定　　价：38.00元

图书策划：楚尘文化

目录

序言

蒂埃里·马克斯

伯里克利[1]说过这样一句话："有些东西人们可能从未得到过，但要想得到这些东西，就必须尝试着去做以前从未做过的事情。"我非常喜欢这句话。正是在结识拉斐尔之后，我才有可能去践行伯里克利的这句箴言。拉斐尔给我这个厨师提供了一个机会，让我得以用更精细的手法去提升厨艺，去体验新厨艺带给我的激情。我们俩携手创建了法国厨艺创新中心，这个创新中心堪称一个厨艺大师与一位科研人员密切合作的结晶。我们之间的合作已经超越了"科学与厨艺"之间相互作用的范畴，因为它为厨艺与科学研究开创出一种崭新的关系。厨艺创新中心就坐落在巴黎萨克雷大学的校园里。

我每次去厨艺创新中心，都感觉自己就像是一台活性过滤器，既有渗透性，又十分敏感。我会把所有的东西都过一遍，把那些既新奇

1　伯里克利（Pericles，约公元前495—公元前429），古希腊政治家。——译者注（如无特殊说明，均为译者注）

又有趣的东西保留下来，接着我便绞尽脑汁，尝试着为它奠定一个基础，创建一种结构，并以此为出发点，去开创新的东西。这种基础或结构会逐渐形成一种特性，就像 DNA 细胞那样，为适应新环境进行复制和转化。

法国厨艺创新中心就是要把自身打造成一个集思广益的场所，让新想法总能源源不断地涌现出来，而它的中心问题只有一个：未来的料理将会是什么样子呢？在深入了解各方面知识及厨艺的同时，厨艺创新中心希望能够挖掘突破性的创新，既能保持食材本身的特性，又不丢失美食的特色。在从事研究的同时，我们还采取各种具体的行动：组织继续教育培训及职业培训，推出各类教学课程（颁布专业技能合格证书、高级技术员合格证书、本科及硕士学位等），制定推广科学文化知识的具体步骤，尤其是向在校学习的学生推广这方面的知识，比如让他们去创制"分子浓汤"，或组织科学料理的实践活动。

美食厨艺毕竟是几千年实践的结晶，有谁还敢夸口是从零开始创新的呢？ 创新者也承认自己对过去的时代有一定的误解，而流行的时尚并未推出任何新的东西。在厨师这个行当里，只要看看中式料理，我们就会自叹弗如；要是拜读奥古斯特·埃斯科菲耶[1]的厨艺指南，我们就会感觉所有烹饪的手法似乎都已挖掘殆尽。但我和拉斐尔都相信，只要在创新的过程中发挥团队精神，定能结出丰硕的成果。让团队当中的每一个人都发挥出自己的能力，优势互补，齐心协力，开阔视野，大家定能把某一设想转变成一种名副其实的流行趋势。

这种设想一旦转变成实际成果，它究竟是流传百年，还是昙花一现，这真是太难说了。不过，我们目前尚未制定出一个明确的目标。对于我们来说，最重要的就是要让法国厨艺创新中心这个了不起的孵化器能维持下去，让它在科学的精确性与厨艺的创新之间发挥积极的作用。有什么能比开辟新的途径更加刺激的呢？

希望本书能让广大读者去发现厨房中隐藏的大学问，让大家知道，作为厨师，我们也能利用这些科学知识，去推动美食厨艺向前发展。

1　奥古斯特·埃斯科菲耶（Auguste Escoffier，1846—1935），法国名厨、餐馆老板和美食作家。

前言

究竟什么是分子料理呢？难道是指一个化学家会烧菜？一个厨师会玩炼丹术？其实都不是，幸好化学家不会烧菜，厨师也不会玩炼丹术！一个科学家在从事科学研究，而一个厨师当然是在烹饪。只不过，科学家和厨师可以成为好朋友，况且有时候他们还真有共同语言，所采取的手法也极为相似，因此，携手合作是对双方都有益的事情。为什么呢？就为了能够创新，为了能以不同的方式去从事同样的研究。况且，究竟是谁在实验室里做实验呢？是科学家，还是厨师？在实验失败之后，他们当中又是谁去制定新的实验方法呢？当然是两个人一起去实验，一起去制定新方法！一个人协同自己的团队去研究，另一人则靠自己的班组去实验，但两个人都要拿出实验结果，并不断推翻自己的实验结果，再让其他团队从事不同的实验，看是否能得出不同的结果。

我是物理化学家，主要对各种材料从事分析工作，研究各类材料的不同特性（宏观）与材料内在结构（微观）之间的关系。食物可以被看作是材料，当然是食材，但它们毕竟也是材料。这些材料也要遵从物理法则。食材的所有分子都会通过种种反应来相互影响，我们可以对这些反应进行分析，甚至提前预料到分子会发生什么样的反应。材料科学转向厨艺也是合情合理的，它可以分析各种食材的不同反应，对其进行研究、诠释，创建新的模式，提出新的方案，就像各门科学所做的那样。这方面的科学研究既可以是基础型的，且立足于长远的目标；也可以是实际应用型的，其研究成果可以很快投入使用。

分子料理的成果其实就是一种工具，是一整套全新的数据及知识，这些数据和知识一直在不断地完善补充，为那些热衷于创新的厨师提供服务。至于说分子料理，它不应仅仅是一种"形式"。这个话题我们将在后文做详细论述。

我们在巴黎萨克雷大学的法国厨艺创新中心里所做的研究表明，虽然当下有些人对分子料理抱有极大的偏见，但分子料理所做的美食更健康，味道也更鲜美，因为分子料理更注重挖掘食材的特性。乐趣与惬意是分子料理最显著的特征，这一厨艺将那些无用的东西摒弃在外。做饼干不必非得用面粉，做蛋奶酥也不必非要用鸡蛋；要想让蛋糕发起来，不必选用化学酵母，而做冰激凌时，也不必非得使用糖浆……这当中没有任何分子把戏的意味。只需要掌握一点点知识，敢于质疑自己的实验手法，并采用新型技术工具，就能把这些东西做出来。烹饪将越来越不依赖于前人的经验，但却变得越来越精确，由此烹调出的菜肴却越来越可口！

我们不妨举一个例子。我用相同的工具去描述一个汽车轮胎，一片口香糖，一个面团或者一个塑料袋，流变学告诉我，如果我稍稍拉伸这些物品（不妨想象轻轻去拉粘在手指上的口香糖），接着我松开应力，口香糖就会回到它原来的位置上，这就是弹性。如果我继续实验，用足够大的力（即超过某种临界值）去拉口香糖，然后再次松开应力，口香糖只稍稍收缩一点，但却呈拉长的状态，它"耷拉下来"了。最后，如果我使劲拉，口香糖最终就会被拉断。弹性、塑性、断裂，这三个词描述了材料的三种状态，在外界应力的影响下，许多材料都会呈现出这三种形态。在外力作用下，无论是口香糖，还是汽车轮胎，或是面团及塑料袋都会呈现出这三种形态。拉伸的数值（耷拉的程度），拉伸材料的力以及让材料断裂的最大应力都会因材料各异而截然不同，但各材料的应力（拉伸曲线图）还是十分相似的。为了让数据更完整，我们还要补充说明，有些材料永远也不会耷拉，而且在弹性阶段就破碎了。比如玻璃、糖稀或盘子在外界强应力下，几乎不经拉伸就会断裂（它们的拉伸过程极为短暂，短暂得肉眼根本看不见）。这些都是易碎材料，而我们前面所描述的材料却是所谓的可延展材料。

然而，最重要的并不在于这些材料的定义是否准确，而在于这些食用配料本身也是材料，当然它们是食材，但首先还是材料，其内在结构决定着它们的特性（力学特性、味觉特性……）。焦糖像石英玻璃一样，很容易破碎，而比萨饼的面团却像弹性材料一样可以拉伸，因为它们各自的内在结构极为相似。玻璃和焦糖都是非晶态固体，却能以无规则的凝固液体来呈现，因为其内部结构不允许出现集合型波动。在某一应力的作用下，物体内的所有连接力都被扯断了，那么我们眼睛所能看到的现象就是，玻璃或焦糖被打碎了。相反，正像弹性体的高分子那样，比萨饼面团在搓揉的过程中，它所包含的面筋蛋白都糅合在一起，形成一个弹性的结构，当人们给某一方向施加应力时，所有的分子都会朝这同一方向滑过去，因此面团就会拉长，而不会被轻易扯断。通过这些实例，我们不难看出，所有和材料科学相关的知识都可用于厨艺。把自己所掌握的科学知识传授给厨师，在厨房里也要采用科学仪器及工具，还要从事科学研究，既有基础型研究，也有实用型研究。这就是我要发挥的作用。

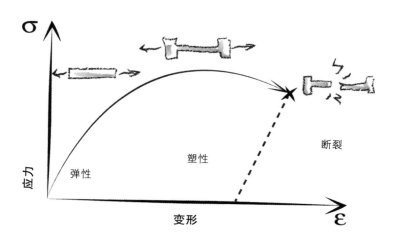

我对食物的研究是仰仗与一位厨师合作来实施的。这位厨师后来成为我的好朋友，他就是蒂埃里·马克斯（Thierry Marx）。我是在2010年认识他的，和他相识颠覆了我的职业生涯，甚至颠覆了我的生活。那时候，我就材料结构所撰写的博士论文已处于收尾阶段，但却有机会听到这位厨师也在讲结构，讲破坏结构。他的厨艺纯正、精确、有品位，一下子就把我吸引住了，他所讲述的东西也引起我极大的兴趣。这真是相得益彰呀！他的目标就是给人带来乐趣，让人感到兴奋，让人去"走一段不同的旅途，达到一个熟悉的目的地"。这句话说得太好了，这不正是现实生活的真实写照吗。我主动和他联系。他马上邀请我到他的厨房待上几天，那时候他在柯蒂昂城堡里工作。我马上把当时手头上所有的实验室设备都搬到汽车里，其中有每分钟10000转的电动压榨机、精馏塔、电烘箱、酸碱度计量器等，装好东西之后，立刻动身前往柯蒂昂城堡。我在厨房的一个角落里安顿下来，开始做一些实验，对食材的结构进行测试……大家待我真是太好了，这里就像能自由出入的大本营，我可以随意打开任何一个冰箱，午饭就在厨房里就地解决（这可是我感觉最惬意的时刻）。我用了很多时间去观察，而且用更多的时间去分析，并亲自参与烹饪的每一个步骤。原本只想在那里待上一个周末，没想到竟然在这厨房里待了整整一个星期，这一个星期的"研究工作"让我永生难忘。科学与厨艺相结合似乎是水到渠成的事：我做了很多测试，也提了许多问题，做了无数次实验，和厨房里的每一位厨师都交换过意见，我们的交谈越来越富有建设性，双方都体会到建设性意见所带来的好处。我和蒂埃里此时已明白，我们的兴趣完全一致，大家可以很好地合作，而且我们也真心愿意合作。

我们在这方面的研究方法可以互补，但我们对这门科学的严谨态度是一致的。一个人在追求精湛厨艺的美感，另一人则在追求基础科学的美感，两个人所追求的美感是相同的。这种追求也可以说是一种研究方法，因为正是追求完美、追求理想的梦促使艺术家及科学家不断向前迈进。

本书将为读者解释口香糖为什么会耷拉下来，焦糖为什么会像玻璃那样凝固、破碎。除了对厨艺做出科学解释之外，我将尽力去展示，在将两个毫不相关的领域结合在一起时，比如将高校研究和烹饪手艺结合在一起时，我们是如何以不同的方式向前迈进、共同创新的；又是如何去享受研究和实验所带来的乐趣的，我希望能仰仗此书让读者也来分享我们的激情。在编撰本书时，我们设定了不同的阅读层面：书中既有"厨艺"方面的插页，也有"实验手法"的插页，不管是哪一类型的插页，读者都会凭此去丰富自己的知识，并看到一些有趣的菜谱。

第一章

是厨艺还是化学

文明的进步是与烹饪的进步并驾齐驱的。

——范妮·法默[1]

1　范妮·法默（Fannie Farmer，1857—1915），美国烹饪及美食专著作家。

所谓分子料理是不存在的

　　世界上并没有什么分子料理。我们还是把这事挑明了吧！奶奶做的白汁小牛肉和最新流行的慕斯（espuma）一样都算是"分子"美食。同样，有机胡萝卜汁和荧光棒棒糖一样应归属于"化学"类的食品。很多人常常会把食品方面的术语，如"化学的""天然的""合成的""人工的""有毒的"混淆在一起，而许多厨师又想用"传统的""分子的"这类术语来表明自己做的菜肴是有益于健康的。那么就该由我们去证明、去解释，从某种意义上讲，就是要把该解释的都解释清楚，为每个术语制定出准确的定义。

　　世间任何一种现象都会有一种科学的解释，一种合理的解释。归根结底，所有的一切无外乎是大分子、分子、原子、电子、中子，甚至是夸克……在料理的后面加上"分子"[1]这么一个后缀又有什么用呢？所谓"分子料理"的说法纯属多余，这不过是一种无用的修辞形式，它不会给人带来任何有益的东西（恐怕只会带来烦恼）。其实哪怕是给一个准确的说法也行呀（当然这类说法都没有什么用），为什么不设法给出更精准的名称，比如采用"原子料理""离子料理"，甚至采用"电子料理"这样的名称呢？实际上，

1　法文的形容词通常放在名称的后面，故作者将"分子"视为料理一词的后缀。

烹制蛋清就是让蛋白质凝固在一起的过程，也就是说，是把分子凝固在一起，而把食盐（氯化钠）放进水里（比如要想煮面条的话，就先在水里放点食盐），会引起复杂的化学反应，其中的化学反应现象甚至已超出分子体系！把食盐放到水里这么一个随手之举却把关联离子给破坏掉了，从而形成新的融合体，即形成带正电荷的钠离子和带负电荷的氯离子，甚至在局部与水分子产生极化，进而改变了氢原子和氧原子的电子云！

由此看来，这就不仅仅是分子料理的问题了，因为不单单离子发生了变化，而且电荷还发生了转换，变化和转换是在比分子空间小得多的空间里完成的。如果有人告诉你"这些面条是在离子液体里烹制的"，你还能把这面条吃下去吗？有哪个厨师愿意把这样的菜名写到菜谱上呀？我们刻意把食盐融化在水中的物理化学现象描述得十分详细，甚至过于详细，尤其还把化学反应都弄到美食界里来了，不过我们揭开这一秘密的手法就是要强调这样一个事实：所有的一切都是离不开分子，离不开原子，离不开电子，所谓"分子料理"是站不住脚的。不过，为了阐述其中细微的差别，我们至少可以说，"分子料理"并不是普通料理及传统料理的现代发展形式，假如传统料理算是"非分子"厨艺的话。实际上，传统与创新并不是对立的。将"分子"与"料理"这样的术语结合在一起真是太令人遗憾了，因为这无异于把两种在情感层面上不搭界的领域联系在一起，尽管如此，若从必然性及合理性的层面上看，这两个领域又或多或少有些联系。

有人把那份绝妙的甜点端上来，甜点表面上的慕斯非常轻薄，轻薄得令人难以置信，单单看这慕斯就会让你心潮澎湃，其实这不过是一种食用发泡剂，一种凝聚成表面活性物及有滋味分子的胶状体……那么"分子料理"究竟是什么东西呢？其实真正的问题也许应该这样来问："这款轻飘飘的慕斯为什么会让你心潮澎湃呢？"这样一个问题可能更有趣，而且更切实际。

一种融合技艺与情感的料理

可厨师究竟是如何把这款轻盈的覆盆子慕斯做出来的呢？这才是问题的焦点？他做的这款甜点怎么就能让人心潮澎湃呢？相比之下，如今让客人吃好已经变得不那么重要了，厨师要让客人看到菜肴就能怦然心动，这才是最重要的，前辈们留给厨师的遗训是"要让客人满意"，肩负这一责任的厨师只能做得更好，因为人们去饭店不再单单是为了吃饭，而是为了欣赏厨师的杰作。要想让饭局给人一种惬意的感觉，那菜肴一定要做得"美味可口"，厨师要拿出自己的看家本领，拿出最棒的手艺，把覆盆子做成"令人难以忘怀"的轻盈慕斯。凭借难以想象的手艺，厨师让人萌生怦然心动的感觉，或许这是分子料理定义的雏形，是一种融合技艺与情感的料理，正如费朗·亚德里阿[1]所阐述的那样。但不管怎么说，要想做好这款慕斯，就必须得有必要的技术手段，因为这需要往液体里注入气体，也就是说，要使用燃气瓶、管子、虹吸瓶，要利用好这些工具。然而最重要的，还是要让慕斯能成形，并保持相当长的时间，也就是说，要让注入液体里的气体能保持得住，让慕斯不要散掉，否则一旦气体升到液体表面，慕斯是无论如何也保持不住的，因为气体要比液体轻得多，而且会很快就升到液面上来。不管多么先进的压缩机和喷射装置对这个难题都会束手无策。因此一定要让慕斯稳定住，要想做到这一步，就要首先知道慕斯是怎么形成的，为什么能形成慕斯。此时，就要借助于简单的科学定义，只有这些定义才能解释为什么会产生这种现象，这一现象又是如何产生的。

一种合理的烹饪

分子料理的另一种定义也许是指一种完善的、合理的料理，人们一直在琢磨为什么这种料理能够成功，以便能把美食菜肴做出来。

1　费朗·亚德里阿（Ferran Adria，1962— ），西班牙厨艺大师，分子美食学的扛鼎人物。

有些人已经琢磨出点门道，有些人还在设法弄明白这些菜肴是如何做出来的，而且想知道在着手准备食材并将各种材料掺和在一起时，究竟会发生什么现象，待他知道其中的奥秘，就会以为自己掌握了这门技艺，可以分毫不差地把这道菜肴做出来，还能预料到自己做的菜肴将是什么样子，要是再花费一些心血，甚至还能创出点新菜肴来。知名的厨艺大师正是这么做的，他善于掌控每道菜的口味、口感，熟知自己所创菜肴味道的特性。其实仅就此而言，我们并未创出什么新东西！著名的厨艺大师奥古斯特·埃斯科菲耶在其 1907 年撰写的《厨艺指南》（*Guide culinaire*）对此做出精辟的阐述，他在序言中这样写道：

> 总而言之，烹饪自古至今一直是一项艺术，将来会变得更富有科学性，有些烹饪技巧过于依赖以往的经验，将来它会变得更有条理性，更精确，绝不能让每一道菜都成为一种偶然之举。

同上世纪初相比，我们如今不但拥有更复杂的烹饪技艺手段，比如微波、感应、超声波、真空、液氮等，而且还有新型的分析工具，况且我们对厨艺也有了更深入的了解。简单说来，所谓分子料理不正是指当下的厨艺吗？这一厨艺不正是采用现代化的工具，并融合我们对烹饪技艺的深入了解才得以问世的吗？埃尔韦·蒂斯[1]也为分子料理做出定义，他指出："分子料理就是一种烹饪方式，这一方式借助于各种科学成果，并在烹饪过程中采用'新'调料、'新'技法以及'新'厨具，用'新'这个词来描述这一技艺显然是不精确的，但这个词汇就是指在 20 世纪 80 年代之后在法国及西方国家所出现的新厨艺。"大家针对"时尚"这个词以及是否希望确定分子料理问世的时间进行辩论，辩论还是得出了一些积极的成果，就分子料理问世时间而言，这里是指与旧厨艺分道扬镳的时间，而非指在旧厨艺基础之上有所突破的时间点。不过，既然这个厨艺是"时尚"的，那就免不了将来总有一天会变得"过时"，甚至有可能出现寿终正寝的风险，然而我相信这种前卫型的厨艺将会一直流传下去，所有对厨师有用的东西都会一直保持下去。我们没有必要为了让它成为一种"时髦"的东西，便不惜一切代价去推介这种厨艺。其实我们只需要把业已着手做的事情做好就行了。新的概念也会由此派生出来，比如"食物混搭"，但这只不过是借助于科学手段促进厨艺向前发展的辅助工具，算是分子料理定义的另一种解释方式。

　　不管怎么说，绝大多数人都认为，随着美食知识日益丰富且科学不断向前发展，盲目随意地去烹饪美食已经变得越来越难了。阿

1　埃尔韦·蒂斯（Hervé Thise，1955— ），法国物理化学家，在分子美食研究方面颇有建树，被人誉为"分子美食之父"。

佩尔[1]和巴斯德[2]的科学研究就是明显的例子，正是他们以无可辩驳的事实证明科学不但对厨艺有帮助，而且促进了厨艺不断向前发展。不给盲目随意的厨艺留下更多的空间，不要过多地依赖烹饪经验，并把整个料理过程掌控在自己手里。因此，不但要掌控一切，而且还要去创新。

首先要对自己的厨艺进行创新，同时还要做出与他人不同的菜肴，让自己在美食界里独树一帜。早在 19 世纪，法兰西学院就提出这样一个观念，认为美食已演变为一种艺术，即"料理膳食的艺术"。"料理膳食"的意思就是"做一餐美味佳肴"。"膳食"的意思就是精心准备菜肴而且还要做到量足、质优。也许"合理的烹饪"正是从那时起开始兴盛起来的，因为大厨们已开始琢磨怎样才能把菜肴做得更好，怎样在厨艺中去展现自己的手艺，目的当然是为了出人头地，为了给这道菜肴打上自己的烙印。所有悬而未决的问题迫使我们去研究，去了解为什么有些做法在美食界可以"行得通"，它们又是如何做出来的；要去熟悉、掌握各种食材的特性以及各食材之间的相互作用；要知道食物对冷、热、真空、压力是如何反应的，甚至最终还要像过去那样去咨询医生或药剂师，如今则要依赖科学数据去把关。

---

1 尼古拉·阿佩尔（Nicolas Appert，1749—1841），法国发明家，他的发明解决了长久贮存食品的难题。

2 路易·巴斯德（Louis Pasteur，1822—1895），法国微生物学家、化学家，细菌学之父，医学迈入新时代的象征。

著名的大厨凭借自己的经验已把烹饪的诀窍掌握得炉火纯青，并完美地掌握制作各种乳浊液和慕斯的技艺，掌握各种烹饪的手法，但他或许并不知道什么才是"纯正"的乳浊液和慕斯，什么是"真正"的"蛋白质变性"。分子料理究竟给这些有才华的大厨们带来什么新东西呢？假如我们对厨艺做了合理化处理，并将厨艺的关键诀窍告诉给厨师，比如食物为什么会产生乳化现象，为什么会形成慕斯，在什么时候又该如何将食物放在火上烹制，那么厨师们就能完美地掌握制作乳浊液和慕斯的技巧，掌握烹制的火候，甚至还能把火候掌握得恰到好处，以最大限度地保护食材本身的特性（如蛋白质等）。他们肯定极想把各种配料做成乳浊液，做成慕斯，并设想推出新的烹饪手法，甚至想改变烹饪的原理。掌控再加上创新，这两个词是最关键的。这就是所谓"合理的烹饪"，因为它与科学知识密切相关，这种烹饪可以"节省时间"，可以避免失败的风险，让固执己见的人不再出类似的差错。再将物理学及化学原理转化并应用到美食界的过程中，这种烹饪手法所做出的菜肴甚至会超乎人们的想象。

　　那么问题就来了。在烹饪变得更加合理化之后，它是否会限制厨师的创意呢？恰恰相反，我们认为各种知识及新工具将会给创意提供更大的空间，因为知识及工具给厨师们带来创新的手段。利用"技术"手段，预先设想出实验的结果，可以让厨师们做出全新的菜肴，做出新口感、新口味的创新菜肴。这不再是一种过多地依赖美食经验的料理，而是一种更加富有创意性的料理，一种更加好吃的料理！

一种化学料理？

人们往往把分子料理看作是一种使用添加剂的化学料理。要是依照这幅滑稽的图像来看的话，厨房倒更像是一间药铺，厨师在这药铺里玩弄化学家那样的把戏，对于那些诋毁分子料理的人来说，这一论据倒是可以信手拈来，但如果真是这样看的话，那也未免太简单化了。

目前我们对分子料理的研究主要侧重于如何自然提取某一食材的特殊功效，这样厨师就不必每次都借助于结构剂去解决这个问题。这项研究极为重要，现在我们正在实验室做各种实验。我们的愿望就是，在烹饪过程中，尽量不用人工合成的东西，通过这种做法，赋予分子料理一种更准确的定义：全面了解食材，以便更好地去烹调这一食材。为此，这就需要做细致的研究，为自己创造必要的手段，去训练，去培训。我们为厨师及见习厨师所设置的课程也正是为达到这一目的而安排的：我们向他们展示怎样拿瓜果核来做调料，怎样用腌渍的蔬菜皮去做自然发泡的食物，而不必借助于甲基纤维素或蔗糖脂肪酸脂；怎样让芹菜汁里的盐分形成结晶；怎样做出番茄红素，用西瓜和番茄当原料，做成天然红色素……过去我们在料理过程中把蔬菜皮、果核都扔掉了，做鱼时只选鱼脊肉，其他部位也都舍弃不用，摘菜时把菜中的粗纤维都抽掉了，现在是重新审视这些做法的时候了。当然，我们还要弄清食材的本质：与其知道最好的胡萝卜是哪儿出产的，倒不如去了解胡萝卜的结构，去弄清楚胡萝卜都有哪些成分，它的营养价值是什么，它包含哪些矿物质，它的纤维结构是什么样子的，以便采用更加精确的料理手法，以确保食材保持其原始的滋味。因此，这种烹饪手法才是真正的纯天然厨艺：减少浪费，节约能源，并给人带来健康所需的各种元素。我们不妨举一个简单的例子：如果烧菜时火候掌握得恰到好处（控制好凝固、变性、水解等现象发生的过程），就能最大限度地保持食材本身所包含的营养，保持食材本身所特有的味道。我们在此提醒大家，食材的芳香分子、维生素以及辣椒对高温极为敏感。如果能从这方面入手对烹调加以改进的话，那么菜肴就会更贴近食材的原味，味道也更鲜美。然而令人感到奇怪的是，有些大厨对分子料理出言不逊，他们往往喜欢用猛火把蔬菜烧得烂熟，这样做不但破坏了食材的维生素，把蔬菜本身的香味都煮到水里去了，而且还浪费能源，浪费水。有些大厨（有时恰好是同一帮人）在火炉上烧烤葱头，来为肉汁着色，这样做会让葱头产生致癌物——苯并芘；或用蛋清泡沫配上明胶和酒石来做慕斯。总而言之，到底谁是"蹩脚"的化学家呢？然而对消费者来说，只用柚子汁加适量的

"寒天"海藻琼脂就能做出柚子慕斯，这一点是确信无疑的。换句话说，要想做一个慕斯，可以不用蛋清泡沫，不用炉火烹制，也不需要其他辅助食材，只需要去挖掘食材的本质，发挥烹调手法的基本特性，那就首先要弄明白：慕斯究竟是什么？烹饪是什么？柚子又是什么？要想把这一切都搞明白，就要把料理深层次的东西挖掘出来，并刻意去关注食材本身，去想着该如何利用食材，看它能给人带来什么样的感受。为此，它与日本料理的美学、与菜品的意义融会在一起。一个精准的刀法、一个准确的剂量、一个恰到好处的火候，就像书法作品里一个准确的手势，或像俳句里的几个字，起到画龙点睛的作用。

结构、质感及烹饪带来的激情

为了撩起客人的激情，厨师应该善于去调动人的感觉，让这些感觉去刺激人的感官。为此，他不但要注重菜肴的形态、色彩、气味、滋味，还要注重菜肴的质感。在这方面，科学家就可以助厨师一臂之力，通过改变食材的结构，来改善菜肴的质感，因为菜肴的质感与食材的结构是密切相连的。尽管如此，大家还是注意不要把结构与质感混淆在一起。我们来举一个例子：在科学家看来，巧克力是一种逆向乳浊液，加水即可变得黏稠，待水分蒸发之后，又会凝固起来。鉴于巧克力的这种特性，它真是一种难以处理的食材！然而，与这种结构密切相关的却有两种截然不同的质感：有人喜欢咬脆脆的巧克力（脆性质感），也有人更喜欢吃融化的巧克力（易溶质感）。每个人的感受不尽相同，但激情却是实实在在的：每个人都感觉非常开心！（正是这款逆向乳浊液给大家带来了乐趣！请参阅彩页的第 1 图）这也恰好印证了科学与料理之间的复杂关系，在熟悉食材的结构之后，人们就能预先知道这一食材会给人带来什么样的感受，最终目的是让客人去享受美食的乐趣。

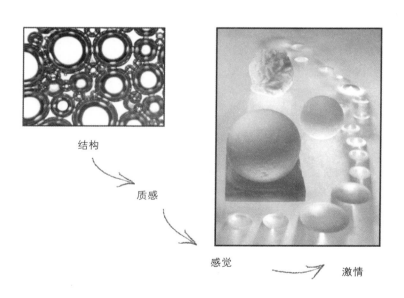

结构

质感

感觉　　　　　　激情

1. 柚子慕斯

采用"寒天"海藻琼脂技艺并准确控制海藻琼脂的添加量，
就能仅用柚子汁（99%）做出一款柚子慕斯。

2. 油炸立方溏心蛋

3. 蛋黄位于中心的煮鸡蛋

4. 用隔水炖锅烹制的鸡蛋

温控隔水炖锅煮溏心蛋火候控制得恰到好处。

5. 不用火烹的波菲利普炒蛋

将波尔图甜葡萄酒和白兰地酒混在一起后再蒸馏。混合酒经蒸馏后酒精度很高，且带有"头香"的香气，将此浇到一枚生鸡蛋黄上。在混合的过程中，蛋黄开始凝固，仅靠冷烹法就给"烹熟"了。将此配制品放在抹好黄油的烤面包片上（由蒂埃里·马克斯创制）。

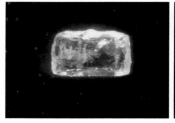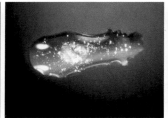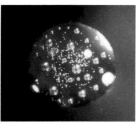

6. 糖的不同形态

随着温度的提升，糖晶体融化，形成糖玻璃，接着又形成焦糖。

7. 盐晶体

8. 用加气矿泉水烹制蔬菜

分别用加气矿泉水（左）、普通矿泉水（中）及柠檬水（右）来烹制四季豆和绿菜花的测试结果。

9. 薄荷制品

用薄荷汁加琼脂做成的意式植物细面条、薄荷慕斯及内含液体的胶凝物。

10. 法式豌豆

采用封囊技法可以将豌豆果肉再制成豌豆。
还能将生鲜豌豆和煮熟的豌豆果肉混在一起，
配制出一种全新的口感。

豌豆荚用液氮粉碎之后形成一种果汁冰糕粉
（由蒂埃里·马克斯创制）。

11. 藻朊酸盐凝胶
内含柑桂酒的仿鱼子酱。

12. 荧光金汤力鸡尾酒
在昏暗的光线（紫外线）
照射下，汤力水所含的
奎宁会泛出荧光。

13. 植物胶囊

内含柠檬汁及柠檬皮。

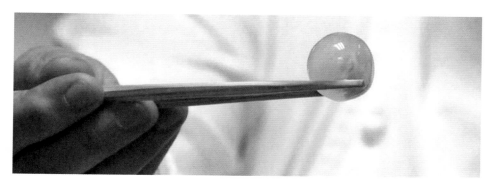

14. 牡蛎味小球

在昏暗的光线（紫外线）照射下，汤力水所含的奎宁会泛出荧光。

15. 植物包装膜（相当一小瓶啤酒容量）

用酸味樱桃制成的胶囊膜，可容纳330毫升水。

适用于厨师的科学工具

因此，厨艺可以说就是物理化学，其实就应该这样去说，甚至去接受这种说法，没有必要为此而感到难为情。不管在哪个领域里，只要把科学研究成果应用到实处，总会给人的日常生活带来好处。其实所有的一切都和物理化学密切相关：包括智能手机及新工艺，电池及绿色能源，光学仪器及智能眼镜，汽车，油漆，建筑材料，房屋隔热及保温材料等等。随着新知识不断问世，世界也在不断向前发展。厨艺当然也不会置身于世界发展潮流之外，只要我们不断用新知识去充实厨艺，厨艺也一定会跟上世界的潮流，进一步向前发展。为此，我们首先要去鉴别各种各样的科学概念，我们需要这样的概念去描述厨艺。

所谓料理就是对食物进行加工。对食物的加工又分成两大类：一类是植物（瓜果、蔬菜）；另一类是动物（鱼类、肉类，鸡蛋）。这两类食物的共同点就是水，因为所有的食物里都包含大量的水分。水的变化是最重要的（酸度、弥漫性、可溶性、吸收性、渗透性等）。在烹饪的时候，人们主要凭借调节火候，调节锅内的压力，调节烧菜时间的长短，去做出各种不同的菜肴。这是影响菜肴形态、口味的三个最重要的参数。至于说调味汁（从广义角度上看），物理化学则以软介质的形态来表现，简单说来就是划分为三类：即

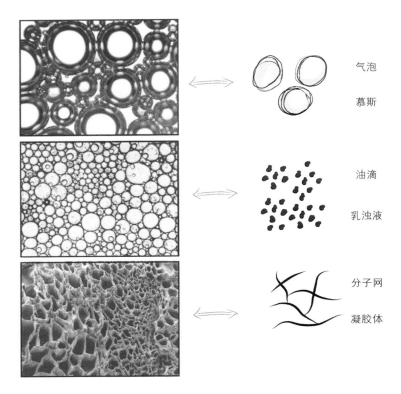

气泡
慕斯

油滴
乳浊液

分子网
凝胶体

慕斯、乳浊液和凝胶体

在显微镜下观察慕斯、乳浊液和凝胶体,并绘成草图以便更好地描述这些结构形式。

慕斯、凝胶体及乳浊液。只要掌握这些工具,99.99% 的菜谱都可以做出来。

化学反应型的酸醋调味汁

在料理过程中，采用分子手法去处理，可以给菜肴创造出全新的口感，与此同时，还能摸索出一整套分子厨艺的操作方法。然而，这样做既不是出于乐趣、出于为厨艺树立典范的兴致，也不是为了向他人去炫耀："嘿，你瞧，这种深奥的东西我也做出来了！"更不是为了让这种料理方法变得复杂化，也无意去暗示"这种高科技的厨艺并不是每个人都能掌握的，只有像我这样有才华的人才能运用得游刃有余……"我们甚至可以抛开公式、文字或数字，只凭借草图去演绎这种厨艺，我们在后文也将采用这种方法。这样，大多数人就可以理解分子料理了。

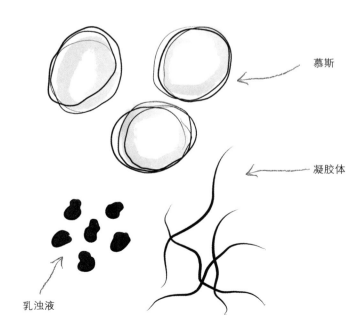

慕斯

凝胶体

乳浊液

在为学生讲授的课程或组织的培训课上，不管来学习或接受培训的学生处于哪种水平（中学生、专业技校生、职业高中生、高级技校生、学士学位获得者、教师或厨师培训班的学生），我都会让他们做一个游戏，像一个厨师那样去创制一种口感。为此，我们需要有最基本的砖石，如同乐高玩具里的拼装积木块。我们只要有三块基石就足够了，这三块基石就是：慕斯、凝胶体和乳浊液。掌握这些结构形式是绝对必要的。对那些有可能成为创新及乐趣的工具，要学着去掌握它。

　　许多气泡在液体里弥散开来就形成慕斯。我们的第一块基石就是一个大气泡（空心圆形）。同样，许多细小的油滴在另一液体里弥散开来就形成乳浊液，这种微小的油滴呈实心的圆珠状。那么，某种液体在固体上分散开来就形成凝胶体：缠绕在一起的丝状体构成凝胶物质分子网（果胶、蛋白质、琼脂等）。既然大部分食物里都有水，而且水含量非常高（比如鱼肉 75% 是水分，蔬菜 90% 是水分，肉类 60% 是水分，鸡蛋清 90% 是水分），那么在我们的草图里，图的衬底就代表水。有关这方面的详细描述，我们将在后文第五章里做进一步详述。

掌控及创新

我们在此阐述了化学概念，只有在掌握这些概念之后，才能算是掌握了配制品的诀窍：要想做出蛋黄酱，就必须采用表面活性剂，还要把一滴滴油在水中打散。要想给肉菜着色，就要巧妙地选择美拉德反应[1]的参数，控制好蛋白质、糖和水的比例，控制好烹制温度和烹制时间。要想让油酥面团保持松脆的口感，就要让面团中的水分去发挥气化作用。我们在下一章节里，再做详细描述。

因此，在料理过程中去从事创新就是要善于利用这些参数，将各种各样的口感融合在一起（泡沫状乳浊液、凝胶状乳浊液……），并把各种物理参数都调动起来（电动压榨机的力度、真空的效力、温度及压力的耦合状态……），这样做必然会帮助厨师创造出新的菜品。比如用冷烹法做西式炒蛋、煮立方体溏心蛋、酸醋小方饺、超级海绵蛋糕、嚼食的 B52 魔方、不含奶油的巧克力奶糊、不用鸡蛋和黄油制作的巧克力慕斯，以及其他许多新菜品，都是我和蒂埃里·马克斯在实验室里做出来的，我们将在下文一一详细介绍。

1　美拉德反应（réaction de Maillard），广泛存在于食品工业的一种非酶褐变，是羰基化合物（还原糖类）和氨基化合物（氨基酸和蛋白质）间的反应，其反应过程较为复杂，又称羰氨反应。

第二章

你去煮个鸡蛋试试!

天如蛋壳,地如蛋黄。

——张衡

煮一个完美的鸡蛋看似简单，但真正做起来并不那么容易。这个菜品完美地展现了分子料理的方法和步骤，这正是我们所设想的分子料理。实际上，这个烹制手法很简单，甚至可以说非常简单，学会制作这个菜品，也就学会了掌控烹制白蛋白及蛋白质的技艺，就能准确无误地烹制出鱼或肉菜，因为鱼和肉的成分主要是蛋白质和水。

接下来就让我们看看详细的制作过程。其实，所谓完美也只是一个主观的概念，因此我这里所说的"完美的"煮鸡蛋或许并不是你们所设想的那种理想化的完美。

我要求制做出的煮鸡蛋是这样的：

首先，我希望在切开鸡蛋时，蛋黄要恰好位于鸡蛋的中心部位。实际上，蛋黄往往处在偏心的位置上，偏向鸡蛋的某一边，蛋黄偏向哪一边，哪一边的蛋白就变得非常薄，很容易破碎。在鸡蛋沙拉这道头盘菜里，生菜叶的关键作用就是掩盖煮鸡蛋的这个缺陷，不让偏心的蛋黄和蛋白脱离开。

其次，由于鸡蛋煮得过老，蛋黄很干，吃到嘴里有一种沙沙的感觉。有谁在吃鸡蛋三明治的时候未曾体验过险些被噎住的感觉呢？

然而，如果蛋黄煮老了，那么蛋白也一定会煮老，剥掉皮的煮鸡蛋在桌子上能反弹起来，这也许显得有些滑稽，但吃到嘴里会是什么感觉呢，肯定跟橡皮筋似的。

第四个条件是，我希望蛋黄四周不能呈现暗绿色。

第五个条件：煮鸡蛋味。不过，我们得承认，要是接待客人的话，还是环境的芳香气味更让人感到惬意。

第六个条件，也是最后一个条件：大家也许注意到，在剥蛋皮的时候，有时候会在蛋白上留下指甲印，因为鸡蛋皮确实很难剥。

就为这么一个煮鸡蛋，竟然捣鼓出六个条件来！可就在这同时，人类可以为火星探测器的运行轨道设定参数，让它顺利地降落在距离地球 5000 多万公里远的火星上，指挥它打开太阳板，凭借太阳能在火星表面上移动，采取土样，并在原地做出分析之后，再把收集到的数据传回地球，在此人类可以完美地掌控所有的参数，掌控温度及压力的耦合数据，但在地球上，在大气常压下，我们却不能完美地煮一个鸡蛋，而鸡蛋的成分只是水、蛋白质及少量的脂肪！那么我们该怎么做呢？在《味觉生理学》(*la découverte d'un mets nouveau fait plus pour le genre humain que la decouverte d'une étoile*) 这部著作里，昂岱姆·布里亚-萨瓦兰[1]这样写道："对于人类来说，发现一个新菜肴要比发现一颗新星更实惠，更让人感觉惬意。"对于我来说，我认为人类既不应该放弃征服外层空间，也不应该在面对煮鸡蛋时知难而退！科学家能隔着几千万公里的距离为外星探测器设定参数，而我们却在厨房里盲目地捣鼓菜肴，对比起来真让人

---

1 昂岱姆·布里亚-萨瓦兰 (Jean-Anthelme Brillat-Savarin，1755—1826)，法国美食家及美食专著作者。

小常识：透过数字看鸡蛋

蛋壳约占鸡蛋总重量的10%。它的主要成分是碳酸钙和碳酸镁以及一些有机物。换句话说，它的大部分成分就是钙，因此蛋壳放在醋里是可以融化的。你们是不是已经见过没有蛋壳的鸡蛋呢？把一枚生鸡蛋放在白醋里，几个小时过后，蛋壳就融化掉了，整个鸡蛋就包在蛋壳的那层内膜里。这样，你看到的就是一枚透明的鸡蛋。

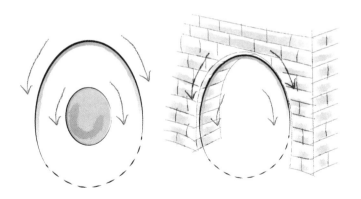

蛋壳呈孔状结构（一枚鸡蛋约有8000个孔），因此空气、湿度以及芳香分子便可渗透到鸡蛋里。因此，在料理过程中，有些厨师就利用鸡蛋的这种特性，将生鸡蛋放在干松露里。鸡蛋的外形会

让人联想起大教堂的拱顶，联想起高架桥的桥拱。这种近似于"卵形"的形状可以将拱顶或桥拱的负荷均匀地分布到所有的受力面，因此能够耐更强的机械应力。

蛋清约占鸡蛋总重的三分之二。蛋清90%是水分，10%是蛋白质，其中绝大部分是卵清蛋白。肉类和鱼肉里也含有这类蛋白质，但肉类和鱼肉里还包含其他类型的蛋白质，比如胶原蛋白。当我们打开一枚鸡蛋时，就会发现有两种不同类型的蛋清，一种比较黏稠，紧贴在蛋黄四周；另一种不太黏稠，包在黏稠蛋清的外围。这两种蛋清分别在62℃和65℃高温下凝固起来。在蛋黄的两端有稠密的蛋白质纤维，又称"卵黄系带"，卵黄系带将蛋黄与蛋清连接在一起。

蛋黄当中50%是极细小的固态微粒，另外50%是液体，在这液体当中，50%是水分，另外50%是蛋白质和脂类，这些脂类的主要成分是胆固醇分子和磷脂，磷脂（如同那个闻名的卵磷脂）具有乳化的特性。蛋黄在68℃高温下即可凝固，但蛋黄若稀释在水中或牛奶里，则要在80℃—85℃的高温下，才能凝固。在糕点行业里，大家都知道，制作英式奶油时，温度不能超过82℃。因此，要想避免出现细小的固体颗粒，就要格外小心，一定要控制好温度。

感到痛心！

　　因此，我们要么把鸡蛋放在锅里，让水开后煮上十分钟，与此同时，我们去布置餐桌，或者去开一瓶蛋黄酱（既然自己不会做，或者做得不好，只好用从商店里买来的）；要么就回去看着那只煮锅，内心里琢磨一下，用100℃的开水煮是否合适，煮上10分钟是不是时间太长了。煮9分钟会不会更好呢？8分钟呢？7分钟呢？95℃呢？90℃呢？鸡蛋是从锅里放入凉水就开始煮呢？还是等水热了再把鸡蛋放到锅里煮？有人说煮鸡蛋时最好往水里放一小捏盐，或放一点食醋，这样做有用吗？此外，究竟是让鸡蛋随着翻滚的开水在锅里随意滚动呢，还是人为地不时搅动一下？总之，我们会提出这样的问题：鸡蛋为什么会煮熟？究竟又是怎么煮熟的？其实这恰好是分子料理所采用的方法。只有把烹饪过程中所出现的现象弄明白，才能更好地去掌控配制品。这里既不是用化学分子式去求解厨艺，也不是拿煮鸡蛋去作博士论文，而只是想把最基本的常识弄清楚，目的是为了做得更好，也许要比我们道听途说来的烹饪法，比我们在菜谱里所看到的厨艺做得更好。因此，我们做起料理来兴致更高，吃到嘴里品尝起来也会更开心。只要掌握好烹饪一道菜的关键因素，就能创出新菜品，推出新技艺，同时给自己开创出无限的想象空间。

　　按传统方法煮出来的鸡蛋往往看上去惨不忍睹，从这样的结果看，

用 100℃水温煮 10 分钟似乎并不是最佳的烹饪手法。既然这样，那么
为什么还要用这种方法去煮鸡蛋呢？怎样做才能把鸡蛋煮得更好呢？

最关键的问题就是要知道，究竟用多高的温度就能"真的"把
鸡蛋煮熟了。怎样才能让蛋黄四周不呈现暗绿色，让蛋黄吃起来没
有沙沙的感觉，让蛋白在嘴里嚼起来没有橡胶的质感，让鸡蛋闻起
来没有异味，唯有火候恰到好处的烹饪才能做到这一点。蛋黄四周
呈暗绿色是因为煮得过火之后，蛋黄四周形成硫化铁造成的；蛋黄
之所以吃起来沙沙的，是因为鸡蛋煮得太老，把蛋黄里的水分都熬
干了；而鸡蛋闻起来有异味，也和煮得过火有关，鸡蛋煮得太老，
破坏了鸡蛋中的蛋白质，从而释放出硫化氢，在化学里，硫化氢是

一种带臭鸡蛋味的有毒气体。恰到好处的烹饪温度是做好菜肴的关键因素。

不管是烹制蔬菜，还是烧制鱼肉或其他肉类菜肴，总体来看，我们烧菜的温度都太高了。这既有历史原因，也有实际操作的原因。我们先来看看历史原因，过去要想让农产品能够便于食用，就必须用高温去长时间烹饪食品，以杀死农产品当中的大部分病菌；其次再看看实际操作的原因，当水烧开的时候，我们知道这时的水温为100℃。要把烹饪温度控制在72℃，似乎是一件很棘手的事情，尤其是采用我们现有的厨具就更加难上加难了！不过，如今所有的食材原料都要比过去更安全，食品供应的流通环节也变得更通畅，物流时间也变得更短了。因此，人们不必再从食品安全的角度去考虑烧菜的方式。同样，只有在采用温控厨具的前提下，比如隔水炖锅或其他具有温控功能的厨具，才能准确地控制烹饪温度，化学实验室几乎每天都要用这类温控设备做实验，有些大厨也开始将这类设备用于烹饪，这倒真是一件令人感到高兴的事。然而，对于平民百姓来说，这样的设备会带来极大的便利。那些家电制造商还要等到什么时候，才能给普通民众推出合适的厨具呢？

可以用冷烹法做菜吗？

蛋清是一种淡黄色、半透明的液体。但煮熟之后，蛋清就变成白色、不透明的固体。受外界温度的影响，蛋清内部结构发生了诸多变化，而这种肉眼可见的变化特征正是这些变化所反映出的征象。难道一定要加热才能让蛋清呈现这种反应吗？我们不妨往蛋清里加一点药用酒精（乙醇），然后观察蛋清的反应。接着再往生蛋黄里倒一点酒精，将酒精和生蛋黄搅和在一起。怎么样？摸一摸盛蛋清或蛋黄的餐具，外表是凉的！是的，我们刚刚用室温"烹制"了一个鸡蛋，而且只用了几秒钟！我们既没有用100℃的水温，也没煮上10分钟！这样烹制出来的鸡蛋和西式炒蛋相比，其口感没有任何差别，而传统的西式炒蛋是要加热才能烹制出来呀！这个实验其实很简单，但却一下子提出很多问题：究竟什么是"烹饪"的真正含义？为什么还要向学生灌输"烹饪"就等于"加热"的概念呢？

这种冷烹西式炒蛋会有美好的前景吗？其实冷烹西式炒蛋早已被美食界所熟悉。当我把这个实验演示给蒂埃里·马克斯看时，他马上想到要对波菲利普（Porto-flip）做出新的诠释。波菲利普是20世纪50年代风靡一时的鸡尾酒，原料是用波尔图甜葡萄酒、白兰地酒和一个鸡蛋黄。将这三种原料掺在一起晃动之后，就做出一款略显黏稠、类似甜烧酒那样的鸡尾酒。在碰到烈性酒之后，蛋黄便开始凝固起来，这就是鸡尾酒变得黏稠的原因。这款鸡尾酒喝起来口感有点像英式奶油，而英式奶油的难点就在于如何控制好凝固的温度，如果温度太低，蛋黄则无法凝固，奶油会显得很稀；如果温度过高，超过82℃的话，蛋黄就会呈颗粒状，英式奶油也就做砸了！因此，我们把著名的波尔图甜葡萄酒和白兰地拿来作蒸馏，先让酒精度最高的气体以及最浓的香气散发出去，这股气体和香气在香水制造业里被称为"头香"，最微妙的芳香气味对热度最敏感。其实

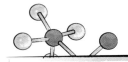

小常识：厨房里满是"头香"味

当你在厨房烧菜的时候，闻着满屋的香味，却吃不到嘴里，这也真是悲剧了！是的，这么多挥发性分子在房间里飘来飘去，但你却永远也吃不到！虽然芳香分子的体积不同，化学结构也不同，但它们或多或少都是挥发性的。大部分芳香分子在室温条件下（25℃）都会变得很不稳定，而且不耐紫外线，因此香料往往需要贮存在干燥、凉爽、避光的地方。你可能注意到无论是香水，

还是药物，或是其他有机合成物，生产厂商几乎都建议采取相同的贮存方法。

当你为烈性酒加热时，最先形成的气体是乙醇气（高纯度乙醇的沸点大约在78℃），而烈性酒里最敏感的分子都随着乙醇气挥发掉了。

蒸馏器

在室温条件下喷香水时，大家会说起"头香"。其实，当你在厨房烧菜或做那种火焰类的菜肴时，这些极为细腻的"头香"就都白白浪费掉了。我们有什么办法能把这些"头香"回收起来，并溶入到菜肴里呢？我们可以采用类似蒸馏器那样的装备，蒸馏器就是为把不同沸点的液体分离开而研发出来的。

唯有密封的平底锅盖可以将尚未挥发的香气

完全罩住，但这样的锅盖什么时候才能问世呢？

香水制造业也用类似的工艺（蒸馏法）去提取精油，比如薰衣草的精油就是用这一工艺提取出来的：先将一种或几种液体放在一个容器里，然后加热，在容器的出口端设一根长弯管，用水对长弯管进行冷却。在碰到冰冷的管壁时，弯管内的蒸气形成冷凝水，并落到回收器里。要想让烈性酒和水的混合物（如苹果酒、葡萄酒、果子泡酒）呈沸腾状态，只要加热到78℃就可以了，这时蒸气便开始冒出来了。只要混合物一直在沸腾，高纯度的酒就分离出来，烧酒就是这样做出来的。接下来，沸腾的温度会逐渐升高，蒸发的水量也同样会随之增多。待整个工艺流程结束时，容器里就只剩下纯净水了。比如一款40度的白兰地可以导出两种液体，一种是富含乙醇的液体，微微带一丝淡香气，这种香气可以在乙醇里溶解开来；另一种是富含丹宁及其他非挥发性香气的水（约占总量的60%）。厨师可以把梨放在"白兰地纯净水"里，用文火慢慢煮，或者做出白兰地口味的水果，但却不含酒精。通过采用科技新工艺，我们就能推出新的菜肴，比如葡萄酒渍梨，这款菜肴绝对不含有一丁点酒精，还能做出波菲利普式炒蛋，这可是不用火烹烧出的炒蛋啊！

这些芳香气味是由非常脆弱的有机分子构成的。当我们为配制美食而对原材料加热时，最先散发出来的正是这些有机分子，而那些不太活跃的分子则留在原料里，从而形成"中香"和"尾香"。此外，对于那道淋酒火焰甜点，我想说句题外话：大家千万别用著名的、昂贵的烧酒，否则你就不是在烧酒，而是在……烧钱！你用名贵烧酒只是闻着格外香，接下来可就要悲剧了：这些最棒的分子你永远也吃不到嘴里，因为它们都随着燃烧的火焰蒸发掉了！幸好现在有一种新的蒸馏技术，凭借这一技术，我们就能把这些芳香分子"回收"起来，再将其放到菜肴里。这样，经过蒸馏的波尔图甜葡萄酒和白兰地就含有足够多的乙醇，几乎瞬时就能让蛋黄凝固起来，同时又将名贵酒那最细腻的滋味融入菜肴里。厨师可以当着客人的面，当场在小餐桌上不用火去冷烹这道西式炒蛋，接着把炒蛋放在抹好黄油的烤面包片上，再配上一点精制盐和细香葱，或者配上其他细小的蔬菜（参阅彩页第5图）。大家都知道炒鸡蛋、溏心蛋、水煮荷包蛋、煎鸡蛋、煮鸡蛋、卧鸡蛋……而这款冷烹炒蛋则是一种全新的口感，一种具有西式炒蛋口味的生鸡蛋。类似这样的例子还有许多，它表明在实验室里所做的某项乏味实验（如蛋白质、乙醇及蒸馏塔等）转眼间竟能转变为某种美食，转变为菜单上打上星标的特色菜。当然要想做到这一步，前提条件就是科学家要和厨师携手合作。

真能烹熟呀！

还是让我们详细探讨乙醇炒蛋，看在这过程中究竟发生了什么事情……蛋清里面将近 90% 左右都是水分，另外 10% 是蛋白质，其中绝大部分是卵清蛋白。"将近"和"绝大部分"这两个概念并非表示不精确或了解不透的意思，而是要以事实来证明，若想更好地

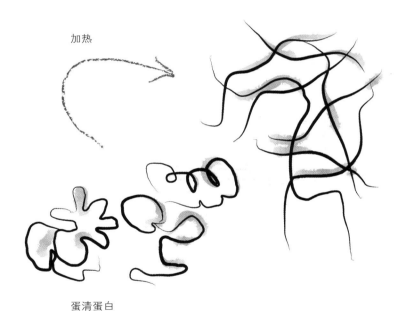

加热

蛋清蛋白

小常识：凝固

　　烹饪时，在高温的作用下，蛋白质便膨胀开来，其形态也发生了变化（变性）。鉴于蛋白质当中的各部位已无任何约束，那么这种机理就可以让不同部位形成新的亲合性。

　　具体来说，在蛋清蛋白里，有些部位呈疏水性（不喜水），另一些部位呈亲水性（喜水）。由于蛋白质可溶于水，那么亲水性的部位则和水相接触，而疏水性的部位则自我保护起来，也就是说，这些分子折拢在一起，因此从总体上看，整个体系显得十分稳定。

　　但在分子内部还有一种联系，即所谓的分子内联系。如果给蛋白质带来一定的能量，不管是化学能量，还是热能量，我们就将强迫分子去膨胀。

　　分子疏水区域周围的环境很不稳定，因此这些分子更喜欢联合在一起，以减轻外界的排斥力，由此形成分子内联系。这就是凝固最初形成时所发生的现象。

　　这种级联反应让分子形成一个网状，各分子全都连接在一起。分子相互间的连接力极强，有

时会产生不可抑制的重新排列现象。因此，蛋清就不可能再"掺水熬稀"，而果胶类的胶质凝固物通常是可以转变为液体的。所有的分子相互发生作用，进而在某些条件下，形成新的结构。乙醇、醋酸或热量都是能影响这一反应的重要参数，无论是化学家，还是厨师都应善于掌控这一化学反应。此外，当鸡蛋烹得过火时，分子之间的联系就会在局部遭到破坏，从而产生硫原子，而硫原子的味道又特别难闻。

去研究分子在其中的相互关联作用，就必须不断地去简化它，并为它建立起模型。科学家应该意识到，他所做的是否足够简化，他所提出的限定极限是否有足够多的条件。接下来再去研究所谓"次要"的现象，研究这些现象的细节也不迟。比如研究各类不同蛋白质的生物化学的特性，它们之间的相互作用，各种酶及细菌的影响等。

思考到这一步时，我们特意用大蛋白质来表示蛋清，这些蛋白质都分布在水里面。这些蛋白质是体积很大的分子，而且都折拢在一起（这正是蛋白质的基本构造）。因此，这些分子相互制约，既

小常识：聚合物、聚合作用、多聚糖、多肽等

聚合物可以构成一个分子及材料的完整系列。

聚合物就是把许多相同的分子汇合在一起，并或多或少以线性方式连接在一起，若用简单的图像来表示，它们就像把珍珠串在一起的项链，项链上的每一颗珍珠就是一个分子，这个分子就被称为"单体"。

空间聚合（更确切地说，应为线性聚合，比如像珍珠项链那样；二维空间的聚合，比如织造；或者是三维空间的聚合……），亦可称作为网状结构。

网状结构与分子链的数目密切相关，每个分子与其相邻的分子所形成的连接就是分子链。比如若干葡萄糖分子聚合在一起就形成一种出名的多聚糖：淀粉。

多聚糖（polysaccharide）这个名称看上去有些复杂，其实它的意思就"多种糖"，多肽也一样，多肽就是由多种氨基酸构成的蛋白质。因此，几十种甚至上千种相同的实体构成一个整体，其物理特性与单糖组分的分子特性截然不同。这就是为什么淀粉不易被机体所吸收的原因（这就是

糖（葡萄糖）

淀粉

C：碳原子
O：氧原子
H：氢原子

所谓的慢糖），而作为同分异构体的葡萄糖，即所谓的快糖，不论从体积上看，还是从其化学分子式上看，它都可以很容易并快速进入到血液里。唾液中所含的酶（唾液淀粉酶）颇像一把分子剪刀，将分子链一条条剪断，并将聚合物统统打碎，被打碎的聚合物就很容易吸收了。因食物中含多聚糖、蛋白质以及脂肪酸，而消化系统的作用恰好是将食物的分子链——切碎，并让食物中的营养素转变为糖、氨基酸、脂肪酸，而被肠胃黏膜所吸收。

在日常生活中，我们所用的塑料制品大多是

聚合物，比如聚氯乙烯（PVC）、聚酰胺或聚对苯二甲酸（PET）。

弹性体则是聚合物内的一个分支，弹性体是用天然或合成橡胶制成的。每一聚合物里约含20000个单位。这类材料能够承受巨大的力学变形。各类树胶都具有这种特性，口香糖恰好就具有容易变形的特性，因为口香糖的分子结构同橡胶的分子结构很相像。

难以动弹，又相互束缚，这就是为什么蛋清显得有些黏滞的原因。为了更好地描绘这一现象，大家不妨去想象一个个大的毛线团。一旦碰到热气，毛线团便开始膨胀开来（在化学里就是变性过程）。只要有足够多的热量或能量，蛋清就开始黏合在一起（凝固），因为分子中粗大的枝节相互钩在一起，连接在一起，就像人们用胳膊相互挽在一起一样。那么蛋白质的"手"就是硫原子，真正的化学连接也就由此建立起来了。

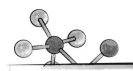

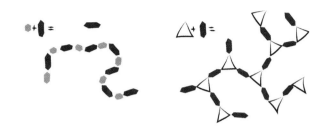

左侧为线性聚合物（如橡胶）的分子链；
右侧为网状聚合物（如聚酯）的分子链。

从原始分子的化学形态来看，各形态聚合物的力学特性会截然不同。

当凝固现象发生时，一种固体的网状便逐渐形成，在这个网状里，化合水被挤到了储积处。这就是人们所说的凝结现象。在液体状态下，每一个团状物都能动，转变成固态时，所有的一切都连接在一起，相互依存。"凝胶"并不是微不足道的一个词，它让人联想起果冻及果酱。在果酱或果冻所形成的过程中，在热量的作用下（用火熬制果酱），果胶（多聚糖）从果肉里逐渐释放出来，在冷却之后，果胶又形成一个网状体。凝胶的世界非常有意思，我们将在

第四章里做详细论述。

蛋清在高温下（在热力作用下）即可产生胶凝现象，不过特殊的化学条件也有助于让蛋白质展开，从而让蛋白质凝固起来。对蛋白质来说，乙醇是一个有利的环境，况且它还是一个酸性环境。大概我们每个人都尝试过将柠檬汁挤在鲜鱼上，或将醋渍汁浇在鲜鱼上，柠檬汁或醋渍汁好像就在"烹饪"鲜鱼，但却是在冰箱里烹饪啊！实际上，原本呈半透状、软软的鲜鱼在柠檬汁或醋渍汁的作用下变得不透明，且僵硬起来，至少在鲜鱼的表面，尤其是柠檬汁或醋渍汁相接触的那部分更是如此。这和鸡蛋在烧酒里的反应完全一样！这是完全相同的现象，其原因也相同……我们不但可以用高温烹饪，还能用烧酒及醋酸"烹饪"，只要烹饪这个词还能包括其他含义！这就是为什么我们宁愿采用凝固这个词，而不用"烹饪"一词，假如我们确实想让自己表述得更严谨的话。如果有人说"用旋转热量让火鸡凝固起来"，那么这句话听起来就不如"把调温器设定在7档上"表述得更简单明了。不过，鸡蛋究竟在什么温度下才会凝固呢？蛋清在62℃下即可凝固，而蛋黄则是在68℃下开始凝固。为了准确地测定这个温度，我们在实验室采用低热能隔水炖锅以及科夫勒实验装置，这是一种温控调节器，可在50℃至250℃的范围内不间断地调节温度，通过显示器，人们就能知道蛋清在什么温度下开始变白，变成凝固体。

这套工具对于确定烹饪牛肉的火候非常有用：在什么温度下能把牛肉烧两成熟、五成熟、半生不熟、刚好熟、完全熟透；它还可以准确地测定食糖熔化及焦化的温度……由此我们得出的结论是，绝对不要用超过100℃的温度去煮鸡蛋！温度过高，凝固就会变得过重，因此从结构上来看，蛋白质的网状就会聚合得过度，口感则变得和橡胶似的，显得过于有弹性。

此外，鉴于水在100℃下开始变成水蒸气，而蛋清里又包含许多水分，如果把鸡蛋放到开水里，就可以让蛋清里水分蒸发的过程提前。然而在蛋壳里，只要微量的水分转变为水蒸气，鸡蛋内部的压力就能升高。鸡蛋可以经受得住这个压力，直到蛋壳承受不住压力，破裂时为止。无论是往水里放一小捏盐，还是放一小勺醋，或是其他任何"诀窍"，都不会对这种物理现象产生任何作用，因为一克水可以转变为将近一升水蒸气！一枚鸡蛋约含35克水，因此它可以释放出35升水蒸气，即相当于35个充气气球！俨然一枚名副其实的炸弹！这就是为什么如果把鸡蛋放进微波炉里……它就像一枚炸弹！鸡蛋里所含的水分瞬间即可转化为水蒸气，内核的压力会突然增大，接着便猛烈爆裂开来。做分子料理还真是得当心呀！

总之，假如想煮一个老鸡蛋，就要让蛋黄凝固起来，但又不能让蛋清煮得过老（温度控制在75℃就足够了）。如果想做溏心蛋，就要把温度控制在62℃至68℃之间，要看你是想吃稀溏心的鸡蛋，还是喜欢吃稍稠溏心的鸡蛋，根据个人喜好去调节温度就行了。

　　有些著名饭店会向客人提供葡萄酒单、矿泉水单以及咖啡单，我们也会像这些著名饭店那样，向客人提供多种选择的菜单，不过我们所提供的菜单既不是葡萄酒，也不是矿泉水，而是煮鸡蛋！63℃：蛋清刚开始凝固，蛋黄完全溏心。65℃：对有些名厨来说，在这个温度下做出鸡蛋非常完美，蛋白煮得恰到好处，而蛋黄既柔软又黏稠，用细长面包条蘸这种溏心蛋吃最合适不过了！ 68℃：蛋白显得更有韧劲，但依然很嫩，而蛋黄刚好凝结起来。你喜欢其中的哪一种口感呢？只要一度一度地去调节，任何一种口感都是可以做出来的，前提当然是必须得有一台自带精准调温器的隔水炖锅或烤炉！

最后的微调

　　烹饪时间的长短也会改变菜品的最终品相，通过学习热力学的知识，我们知道要在烹饪时长和温度之间找到最好的契合点。比如实验结果告诉我们，用62℃煮90分钟，相当于用64℃煮45分钟，或者相当于用66℃煮30分钟。我们可以用矩阵图表来展示在不同温度及时长下烹饪所得出的结果，用横纵两栏来分别表示烹饪的温度和时长。

接下来我们就要解决如何让蛋黄处于鸡蛋中心位置的问题，只有这样，我们才能做出"完美"的煮鸡蛋。在鸡蛋煮熟之后，要想让蛋黄处于鸡蛋的中心位置上，就必须在未煮之前就知道蛋黄处于什么位置上。实际上，如果蛋黄在未煮之前已处在中心位置上，那么在煮鸡蛋的时候，就要用一个专用工具，比如一个金属鸡蛋托盘，把鸡蛋放入托盘后，再放到锅里，在煮的过程中，要让鸡蛋处于不动的状态。然而令人感到遗憾的是，这样的事是根本无法实现的！我们只有两种可能性：一种是蛋黄靠下，因为蛋黄比蛋清重，蛋黄沉下去了；另一种是蛋黄靠上，因为蛋黄比蛋清轻而浮上来。当然也有人提出第三种可能性，但这种可能性往往被人忽略掉了，也就是说"要视情况而定，因为蛋黄在鸡蛋里始终在动"。实际上，假如蛋黄真是在蛋壳里动的话，那么就需要借助于外力，才能对鸡蛋产生作用，也就是说，要从外部给鸡蛋提供一定的能量，那么该由谁去提供？又该怎样提供呢？

为了解答这个问题，只需要一个简单的实验就行了：我们用刀尖把鸡蛋上部削掉，看看蛋黄究竟处在哪个位置上。另外一种方法就是打几只鸡蛋，将蛋清与蛋黄分离开，接着取一个细长的容器，将几只鸡蛋的蛋清和一个蛋黄放入容器里，看蛋黄是浮上来，还是

← 水

← 蛋黄

← 蛋清

沉下去，或是在蛋清里漂动（这样观察起来并不费劲）。

　　然而，我们的答案是明确的：蛋黄在蛋清里是浮动的。难道这样我们就能预测到结果了吗？蛋清里 90% 是水分，而蛋黄里只有 50% 是水分。蛋黄当中另外 50% 就是磷脂（其中包括卵磷脂）和脂肪（就是有些人所说的胆固醇）。因此正像油浮于水那样，蛋黄就在蛋清里浮动！尽管如此，还是有两点需要再明确一下。首先，考虑到鸡蛋里还有许多其他成分（磷脂、不同分子量的蛋白质等），各物质的密度差并不是很大。虽然蛋黄在蛋清里浮动，但如果将蛋黄放到水里，它就会沉下去。将鸡蛋打碎后再做实验，经测量后发现，蛋清的密度为 1.1，蛋黄的密度为 1.05，而水的密度则是 1（参见上图）。如果用母鸡刚产的鸡蛋做实验，得出的结论反而会让你感到茫然。

　　现在我们就该讲述细节了，并详细地解答如何让蛋黄处于鸡蛋中心的问题。在论证的时候，科学家喜欢用更精准的方式（首要方式不过是大致处理一个问题，而精准方式则要明确指出问题当中的细微差别及微妙的难点）。在生鸡蛋里，将蛋黄维系在鸡蛋中心的是卵黄系带，它就是一面纤维网，很像是一组弹簧。随着时间的流逝，在蛋清酶的作用下，卵黄系带会遭到破坏。由于蛋黄不再受卵黄系带维系，蛋黄便在鸡蛋里漂动，因其密度低于蛋清的密度，于是就开始向上移动。鲜鸡蛋搁放几天之后，鸡蛋的气室也会变得越来越大，因为随着时间的推移，鸡蛋内所含的水分已通过蛋壳向外蒸发，蛋壳内的水分逐渐变成气体。因此，当把鸡蛋放入水锅里时，由于密度的原因，若鸡蛋漂在水面上，就说明这只鸡蛋已变得不新鲜了。那么在煮鸡蛋的过程中，该怎样做才能让蛋黄回到中心位置上呢？只需要让鸡蛋转起来就可以了，就这么简单。实际上，每转一圈，蛋黄都挣扎着要浮到上面来，因此它就必然会落到中间位置上。借助于热量，蛋清开始凝固起来，并将蛋黄圈定在鸡蛋的中间。煮鸡蛋的最初几分钟非常关键，要确保蛋壳四周的蛋清凝固得很均匀，这样就能把蛋黄固定在中间位置上。

你可以自己做一个实验：从同一包装盒里取几枚鸡蛋，分别放入两只微开的水锅里，让一只鸡蛋在锅里随意滚动，直到煮熟为止（这些鸡蛋将拿来作对比的样板）。而另一只锅里的鸡蛋呢，你要拿两只木勺子去转动鸡蛋，尤其是在前五分钟之内，要不停地转动鸡蛋。接着再稍微煮一小会儿，然后将鸡蛋取出来放凉。将鸡蛋切开后，你就可以作对比了。但有一点还是要注意：在做实验时，最好能多用几枚鸡蛋，这样才能让实验数据更有说服力。

小食谱：炸立方溏心鸡蛋

依照此前我们所掌握的知识，所有的工具也都准备齐全了，现在就可以创新了。

我们的设想是要用100℃以下的温度去煮鸡蛋，在煮的时候，要不停地转动鸡蛋。把温度控制在90℃，煮5分钟就足够了，然后趁热剥掉蛋壳，在其冷却时借助外界压力让其成形。为此，我们可以使用一个方形模子（大约4厘米见方即可），用重物将模子压住，让鸡蛋成形。

在冷却过程中，蛋白质仍在继续搭建自己的网状结构，从而让鸡蛋变成新的形状。待鸡蛋成形后，将其蘸上面包屑，入油锅炸一分钟，不但色泽好看，而且外表裹着一层薄薄的酥脆皮。油炸过之后，蛋黄的温度也会有所提升，从而达到最佳的品尝温度（45℃—50℃）。

我们所要的效果完美无瑕，其实你只不过是煮了一只鸡蛋而已！不过，你还是严格遵守各种注意事项，并将自己所掌握的知识付诸实践（比如火候、蛋黄中心位置的原理、密度以及凝固的过程等），这样，烹制过程一环扣一环，从而形成一整套创新的手法及"厨艺技术"（参阅彩页的第2和第3图）。

第三章

是煮鸡蛋还是烧鸡呢？
没关系，
就放在一起做好了！

杜舍曼说："他在放瓦格纳的音乐！可
是瓦格纳……可是瓦格纳……可这是给
猎物，给大猎物，给野猪，给犀牛听的
呀！那好吧！乒啪乒乓！乒啪乒乓乓！
算了！这是给布雷斯小母鸡，给罗斯科
夫龙虾听的呀！换个其他曲子！给我找
一曲轻音乐，一支幽默的曲子，一支清
新、有分量的曲子！快点，赶紧给我找
来呀！"

—— 克劳德·吉迪（Claude Zidi）:《鸡翅还是鸡腿》
（*L'Aile ou la Cuisse*，1976）

烹饪过程充满了反常及折中现象。要想成功地"做好烹饪"，就需要掌握精确的厨艺。因此，一道"完美"的烤小牛腿肉应该是外焦里嫩，外表呈金黄色，里面呈粉红色，且肉质鲜嫩。

立体表面

　　在烤小牛腿肉这个例子里，物理化学家马上意识到这其中有热梯度问题，也就是说，在烹制的过程中，小牛腿肉的表面温度与内部温度是持续不断变化的。

　　在烤制过程中，小牛腿肉的表面与内部之间的温度差别很大，因此其内部结构也会发生不同的改变（凝固、水解作用、水含量保持度等），口感也会相应发生变化（鲜嫩、色泽、味道等）。一定要严格控制好这个热梯度：烤制小牛腿肉外表时，温度一定要高，从而引发出美拉德反应，烘焙味道（如咖啡、可可、巴旦杏仁等）以及烤制的味道（如面包、甜脆饼干等）正是这类反应的直接结果。在高温条件下，烤炉内没有足够的湿度，蛋白质和糖分便相互发生反应，进而形成两类分子：一类是新型芳香分子；另一类是色素分子（蛋白黑素是糖类褐变的主要元素）。这里我们所看到的并不是糖的焦化现象，因为糖的焦化现象只是糖发生反应的结果，即使在日常生活当中，许多人都喜欢利用糖的焦化作用来为肉菜着色。

高温（烤、煨、煎）可以很快除去小牛腿肉表面的水分，并让肉的表面快速发生各种反应。

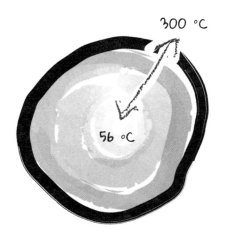

相反，在小牛腿肉的里面，温度不应超过某种限度，只是让内部结构发生细微的变化。鲜肉的红颜色刚好转变为粉红色，牛肉的纹路还几乎像生肉一样。一般情况下，牛肉中间部分的烹饪温度不应超过 56℃。这个温度刚好低于蛋白质凝固的临界温度，因为肉的表面尚未呈现任何微白的薄膜层，肉组织依然呈淡红色。牛肉在烹饪时若超过 62℃，蛋白质便开始凝固，形成一个无光泽的网状组织，肉也变成浅淡色。

在小牛腿肉的中心部位与外表之间，你可以看到牛肉从里到外的烹饪状态，根据烹制的时间长短及温度高低，其烹饪状态也会有所不同。如果用300℃高温烧烤（即正反两面快速烧烤），牛肉外表皮很快就着色变硬，而里面却只有两成熟，但如果用微火烹很长时间，那这小牛腿肉就硬得嚼不动了。

柔嫩：凝固及水解

在烧烤小牛腿肉时，对肉的外表及内里采取了折中的烹饪方法，接下来，我们就要看烹饪本身的标准。为此，我们首先就要知道烹饪的确切含义究竟是什么！

我们在前文已经看到，即使不用热烹方法，我们也能把鸡蛋弄熟，因为醋酸和烧酒都能改变蛋白质的特性，并让蛋白质凝固起来，而热烹时正是高温将蛋白质凝固起来。因此，最关键的就是指两个词："改变特性"和"凝固"，但事情恐怕并非仅仅如此……

结缔组织（腱子肉的）是由纤维蛋白（肌原纤维）、蛋白质（如同蛋白一样）、当然还有水以及胶原束构成的。正是这种结构蛋白在支撑着腱子肉，让它有一种质感。这是一种长链分子，呈三叶螺旋状，颇像一只弹簧。正是这个分子会让肉质有一种硬的感觉。

小常识：腱子肉

在观察肌肉组织时，大家会发现，肌肉的结构是由许多肌原纤维组成的，肌原纤维组合在一起，形成纤维管。而纤维管又在一起搭建成复杂的结构，形成纤维束。纤维束的密度、空间组织（类似于结缔组织）以及胶原数量都会影响肉质的特性。我们在后文将会看到，蔬菜的结构其实和肉类的结构很相像。因此，不管是蔬菜，还是肉类，在将其加工成菜肴的过程中，就要在处理纤维上下功夫，而烹饪其实就是要割断其中的部分纤维，让菜肴吃到嘴里有鲜嫩感。为此，我们就要弄明白该怎样做，才能割断纤维之间的联系。

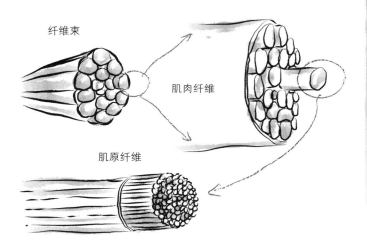

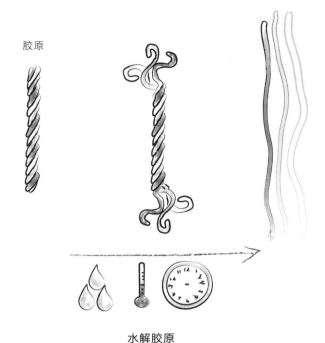

胶原

水解胶原

那些所谓的次等牛肉（熬汤用的牛肉、肩胛肉、肩部瘦肉等）则富含胶原和长纤维，用这类肉做出的菜肴口感会很硬，因此拿这类肉做菜肴不能像做牛里脊或牛腿肉那样去煎，只能用微火慢慢炖。在显微镜下我们观察到，那些所谓优等牛肉只含短纤维。那些需要用文火慢炖的牛肉（适合炖的肉、熬汤用牛肉等）往往都要用宽汤来烹制，这样做是有一定道理的，因为文火慢炖会让牛肉变得很软，借助于文火的热量，宽汤中的水可以去侵蚀牛肉里的胶原网，并将胶原束逐渐摧毁。这就是所谓的"水解"（hydrolyse），其字面含义为"用水来切割"。胶原的三叶螺旋线体便逐渐分离开来，从而极大地缓解了这些"分子弹簧"的僵硬度。胶原的单线体其实就是明胶，因此在牛肉炖熟后并放凉时，正是明胶让肉汤凝固起来，并形成胶凝化状态。要想让水解得以顺利进行，就需要用宽汤炖好几个小时。

现在我们就明白了，为什么这类菜肴用文火炖得时间越长，重新加热的次数越多，吃起来就越好吃。

因此，烹饪牛肉类菜肴就是要让两种几乎完全对立的效果发挥作用：要让牛肉组织里面的蛋白凝固，以形成一个蛋白质网；与此同时，又要去破坏牛肉当中的胶原网，从而让牛肉变得柔软可口。

鲜嫩的口感其实就是根据肉质不同，采取不同的烹饪手法而得到的结果。这就是为什么有些牛肉菜肴可以生吃的缘故（比如生牛肉片和生鲜牛排等），因为只含少量胶原且富含短纤维的牛肉生吃则显得更鲜嫩！因此，"这道菜怎么做？"这样的问题显得更有意思，不过也许还要琢磨一下："为什么要烹制呢？"

烹制当然是为了改造大自然所提供的生鲜食品，以便让这些食品更适合人类食用，或者让人吃起来口感更好。烹饪可以软化动植物当中的网状纤维，这样既便于消化，也有利于吸收。但是，许多矿物盐及维生素在加热时都遭到不同程度的破坏，或者在烹饪过程中都消耗在宽汤里了，因此烹饪所带来的好处也随之减少了许多。

这真是进退两难的窘境……

从口感上来看，草莓及小红萝卜更适合于生吃，而布列塔尼菜蓟或车前草必须经烹饪过后才能食用。

当然对于其他类型的食物，比如苹果、香蕉、番茄、生菜等，厨师可以生熟搭配使用，以便让客人在品尝时，能领略到一种全新的口感。

多汁性：凝固与保持水分

多汁性是在将烤熟的牛肉切开后所看到的状态，吃到嘴里后也能体验到牛肉的多汁性，因为在烹制的过程中，牛肉或多或少会失去肉中所含的汁液（包含香味及矿物盐的化合水）。多汁性与牛肉中网状纤维保持水分的能力密切相关。最理想的多汁性是在烹饪过程中，牛肉能把所有的水分都保持住，但当消费者将肉吃到嘴里时，牛肉又能丢掉部分汁液，这样才能让人感觉这牛肉鲜嫩可口。

在这里，两个相互对立的作用开始展开竞争：

1.当烹饪温度超过62℃时，蛋白网开始形成，并构成一个水的储积处，一个屏障，将水保持在肉的组织里。我们不妨来看一个有趣的例子，在做奶油水果蛋挞或油酥饼时，大家都知道有一个小窍门，就是在烤制之前，先在蛋挞或油酥饼底部涂抹上蛋清，以起到防水的作用，这样当敷上奶油或水果时，蛋挞饼会依然保持酥脆的口感。当然如果不用蛋清的话，也可以在蛋挞饼上抹点可可油或巧克力。不管是用蛋清，还是用可可油，作用是一样的，都是为了给蛋挞搭建一道防水屏障（使其具备疏水性功能）。

2. 然而，让人感觉不合常理的是，烹饪温度千万不要超过68℃，如果超过这个温度，肌原纤维蛋白便完全凝固了，由此而丧失保持水分的能力。在这种情况下，水分将从已形成的凝胶体中渗出去（脱水收缩），进而形成一种渗出液。在烹制鱼肉的过程中，常常会出现这种现象，因为烹制过头会让鱼肉收缩（凝固），从而让已被封住的水分释放出来。鱼肉渗出微白色的汁液，落入煎锅里，逐渐变干的鱼肉也就失去了鲜嫩的口感。

因此，规则其实很简单：烹饪千万不要过头！我们用简单一句话做一个结论：要想给菜肴着色并提味，就要先用猛火烹，接着再转成文火炖（温度不要超过 70℃）。

着色：凝固与肌红蛋白

在生肉尚未烹制时，肉中的蛋白是无色、透明的。在加热（或用醋酸及烧酒）的情况下，蛋白便逐渐开始凝固，并在肌原纤维蛋白和肌红蛋白四周形成一层薄薄的白色覆盖物（肌红蛋白与血红蛋

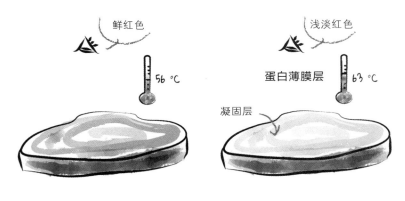

鲜红色　　　　　　　　　　　　　浅淡红色

56 ℃　　　　　蛋白薄膜层　　　63 ℃

凝固层

小食谱：完美的小牛腿肉

　　锅里放入食用油和黄油，用猛火将小牛腿肉各面都煎一下，为小牛腿肉着色。然后立刻放凉。取一个食用保鲜袋，将小牛腿肉放入袋中，再放入芳香调料，或根据个人口味放其他调料（如百里香或糖渍柠檬）。在真空下将袋子封口，并将其置于隔水炖锅里，温度控制在 56℃，至少放置一个半小时（可根据小牛腿肉厚度作相应调整）。上桌之前，再放平底锅里用猛火煎一下，在为小牛腿肉着色的同时，也让牛肉的表皮有一种松脆感，将小牛腿肉切开，再撒上一点精盐。

白很相似，是牛肉红颜色的主要成分）。这彻底颠覆了我们对红颜色腱子肉的感知。

变性作用在56℃至58℃时就开始发生了，这时牛肉开始从两成熟向半生不熟过渡。待到60℃时，牛肉就由半生不熟转成八成熟了。当温度提升到62℃时，牛肉的颜色就由粉红色转成浅淡红褐色了（牛肉完全烹熟了），这一转变都是由凝固造成的。温度超过66℃时，肌红蛋白也开始变性，从而让牛肉彻底失去了红颜色。

总之，烹制小牛腿肉或布雷斯小母鸡（再配上杜舍曼先生喜欢的那种罗斯科夫龙虾）其实就是让各种相类似及复杂的机制（凝固、变性、水解等）发挥作用。然而，由于它们各自的结构不同，大家对它们的口感要求也不同，因此烹饪这两种菜肴的方法也会截然不同。

蔬菜又该怎样烹饪呢？

如果烹饪白肉的话（所谓白肉就是肉中的肌红蛋白不如红肉的那么丰富），就要用文火去炖，而且要炖很长时间，以便对肉中的胶原进行水解。将母鸡放入蔬菜清汤里炖，蔬菜的味道逐渐浸入到鸡肉当中，从而让鸡肉的滋味变得更丰富。在整个烹炖的过程中，渗透及弥散一直在发挥着作用（清汤的滚动和对流促进了渗透及弥散）。但烹饪蔬菜又会是怎样一种状况呢？

　　我们在前文已经讲过，在烹饪肉类食品时，不但要设法让蛋白质凝固，还要将肉里的胶原网破坏掉，才能确保烹熟的肉口感很嫩。在烹制蔬菜的时候，同样要软化蔬菜的结构，让蔬菜变得既好消化，吃到嘴里还有鲜嫩感。要不然，就把蔬菜拿过来，不经烹饪直接食用。说到这一点，我们注意到，蔬菜稍加烹调或者直接生吃，会感觉更加鲜嫩，换句话说，所谓蔬菜"吃起来太硬了"其实就是一个骗人的假话！不过，这样确实很"方便"，因为简单烹饪可以让蔬菜保持原有的颜色和形态，厨师也会感觉很轻松，但这样会让菜肴变得不太好消化。

因此，我们要再次深入地去探讨这个问题，不过这一次，我们是要谈蔬菜的纤维，以更好地了解蔬菜纤维的形态，了解纤维在蔬菜里的排列形式，这正是蔬菜结构的核心所在。如果胶原是支撑肉制品的重要元素的话，那么纤维素就是植物世界里主要元素。

将蔬菜切成薄片，放在显微镜下观察，很快就能看出其中的奥秘。比如你面前放着一只葱头，在把它切成薄片，并擦去眼泪之后（葱头里所包含的硫代丙醛 S- 氧化物在刺激你流泪），你把葱头薄片放在锋利的刀片上仔细观看。你感觉看到是一堵砖砌的墙！所有单元在空间排列得很整齐，单元与单元之间由植物凝胶连接起来，所谓植物凝胶就是纤维素。面对蔬菜的这种形态，烹饪就是要让蔬菜的这种"墙面"软化下来。好吧，既然这样，那么我们应该怎样去软化它呢？只要去软化连接各单元的凝胶（即纤维素）就可以了，这样蔬菜的整体就会软塌下来。

纤维素是多糖类属植物的天然聚合物，这种聚合物由几千个糖分子组成。这也正是植物纤维壁的主要物质，这类植物包括青草、叶子、麦秸、树木、棉花、蔬菜等，因此这种天然聚合物也是在地球上分布最广的一种聚合物。大自然每年要出产几万亿吨天然聚合物。无论是坚硬的树木，还是柔软的灯芯草，它们都是植物界的一员，正是由于植物的链式结构不同，由于纤维素复杂的螺旋结构存

小常识：酸度

氢离子浓度指数，或称 pH 值，用来检测某一配制溶液的酸度。它和溶液当中氢离子（H^+）的数量有关，并依照其浓度以 10 倍为单位来变化，也就是说，要想将 pH 值增加一个单位量，就要将溶液稀释 10 倍！人们用 1 至 14 这种单位量来测定 pH 值。

当 pH 值等于 7 时，溶液呈中性。pH 值低于 7 时，溶液呈酸性（比如柠檬汁约为 2，胃酸约为 1）；当 pH 值高于 7 时，溶液就呈碱性了（比如洗发水约为 8，碳酸氢盐约为 8.5，漂白水及家用烧碱约为 12）。当溶液呈碱性时，液体中的化学物质大多是氢氧根离子（OH^-）。当 pH 值等于 7 时，液体中的氢氧根离子（OH^-）与氢离子（H^+）中和了，形成纯净水（H_2O）。

无论是在厨房，还是在化学实验室，人们都可以用试纸来测试酸度，由于酸碱度不同，试纸的颜色就会发生变化。我们将在后文里看到，要想把菜肴做得更好，尤其是熬制果酱或保持蔬菜的原本颜色，那么了解 pH 值是很有用的。

在差异，才让植物呈现出千姿百态的差别。纤维素的分子呈很长的链条状，因植物种类不同，链条的长度及结构也不尽相同。各个纤维素有机地连接在一起，从而形成微纤维，微纤维之间又连接在一起，形成长纤维，进而再形成纤维（从超级分子范围内看）。这些纤维在空间排列有序，形成纤维壁（算是一种超级结构吧）。半纤维素（系另一种多糖类物质）在纤维及纤维壁之间起连接作用，而木质素也以同样的方式让整个植物变得结实。植物的整体结构就是由纤维壁组合在一起搭建起来的，纤维壁有单层状的，有多层状的，有螺旋状的，有梅花状的，等等，不一而足。我们不妨再拿毛线团来作比喻，摆在眼前的就像是一件编织得很复杂的套头毛衣，不但用了好几种不同的针法，而且图案还交织在一起。植物的结构就像是这件毛衣，其网状组织可以容纳许多水。这就是为什么虽然蔬菜里 90% 都是水分，但它看上去却很板直、很结实的缘故。

那么"烹饪蔬菜"又是怎么一回事呢？其实就是要让蔬菜内部这种复杂的网状组织"软化下来"，也就是说，要把支撑蔬菜板直状态的力降下来，比如生四季豆很板实，而且还有一股脆劲，但烹饪过后，四季豆就会变得柔软、鲜嫩。但怎样才能把蔬菜"做得好""做得精"呢？碱性溶液发生作用时，便可将纤维素或半纤维素膨胀并融化。纺织工业大多采用这种方式来处理棉纱。这种溶液

小常识：硬度、pH 值以及碳酸盐
（怎样选好水）

在烹饪绿叶菜时，要想让蔬菜保持鲜绿的颜色，就必须注意三个决定性的参数：

酸度对绿叶菜的颜色和结构会造成不利影响。对酸度起主导作用的氢离子（H^+）会改变叶绿素的光敏区（色基），这会让蔬菜所吸收的波长发生偏移。于是，呈现在我们眼前的颜色就变为深黄褐色。换句话说，随便任选一种加气矿泉水是远远不够的，这些水内虽然包含气体，却是人为加进去的二氧化碳气，但水质本身依然呈酸性。此外，这些氢离子（H^+）会强化纤维壁，让蔬菜变得很难煮。

钙镁离子是让水变硬的主要因素，钙镁离子同样也会增强纤维之间的联系。如果用硬水来烹饪的话，就很难软化植物的结构，让人感觉这蔬菜好像煮不熟，或者很难煮似的，烹饪时间也会相应加长。

至于说碳酸盐离子，它的作用则恰好相反，因为它能让绿叶素的色基（鲜嫩的绿色）保持稳定，并去侵蚀纤维素，烹饪时间也会相应缩短。

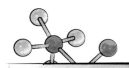

　　因此，在选择矿泉水的时候，不管是加气的，还是不加气的，都要仔细看标签，以选择最适合烹饪的水。要尽量去选富含（氢化）碳酸盐的水，最好是碱性水（pH值大于7）及软水（含微量钙和镁）。

和碳酸钠一样，内含阴离子 [即氢氧根离子（OH^-）]，这些阴离子将一部分半纤维素融化掉，并开始侵蚀氢离子键，而将纤维素似链条般维系在一起的正是氢离子键。将此现象应用到烹饪蔬菜方面时，就能发现纤维壁将因此而变得脆弱，纤维也会或多或少变得疏松了，这样蔬菜就烹饪好了！

　　如果想把这些知识应用到料理当中，我们就要找到这种碱性溶液，因为碳酸钠是绝对不适用的！这种碱性溶液恰好包含能够疏松纤维的阴离子。其实，只要用加气矿泉水就行了，就这么简单！

　　实际上，二氧化碳在水中融化成碳酸盐离子（阴离子）。当然我们也可以用富含碳酸盐的矿泉水，或者用加入碳酸氢盐的纯净水。不管用哪种类型的水，水中的离子都会对蔬菜的纤维素发生作用，在离子的作用下，烹饪时间就能缩短，烹饪温度也可以降低，蔬菜当中所含的香气及维生素就能保持得更好，因为长时间高温烹饪会破坏蔬菜里的香气及维生素。加气矿泉水还有另外一个用法，就是用它来烹制干菜，干菜通常十分难煮。我们的外婆那一辈人有一个诀窍：在煮小扁豆的时候，往锅里撒一捏碳酸氢盐。她们做的这个就是分子料理！碳酸氢盐还有一个好处：它对绿叶蔬菜里的叶绿素也能发生作用，加一点碳酸氢盐来烹饪，做出的绿叶菜晶亮鲜嫩。如果用酸化水烹饪这些蔬菜的话，比如加一点柠檬汁或放一点食醋，那么这些蔬菜做熟之后，就会显得既无光泽，颜色又暗淡（参阅彩页第 8 图）。

不过，有人说只要把绿叶菜放入冰水里，就能"锁住绿叶素"，这个所谓的诀窍可以休矣了！其实冰水什么也锁不住，它只能让烹饪停下来，却不能保住绿叶素。

这样不但让蔬菜的菜相好看，而且还能保持其原有的鲜味，维生素也不会遭到破坏；这样的蔬菜吃起来味道鲜美，而且烹饪又不会花费太长的时间……而所有这些好处完全是仰仗加气矿泉水才得到的！

温度、压力及新烹饪法

我们已在前文花费了许多笔墨来论述温度，并将其视为烹饪的关键因素。由于没有合适的设备，温度参数有时候很难掌控，但温度确实是我们每个人都能利用的参数，而且利用起来还是十分便利的。尽管如此，它并不是唯一可利用的参数！

压力同样是一种可以影响料理状态的物理因素，因此压力也可以用来烹饪！换句话说，为什么一定要在常压下烹饪呢？采用高压或低压方法，又会给厨艺带来哪些新东西，带来哪些额外的东西呢？

在改变压力的同时，你也就在改变沸腾温度。在压力之下，沸腾温度也会提升。压力锅正是利用这种原理来烹饪的，因为当压力升高时，温度也会随之升高，食物也就熟得更快（压力锅里的温度要超过100℃）。在使用压力锅时，锅内的压力接近两个大气压，温度高达120℃。

相反，如果我们降低压力（相当于局部为真空），沸腾温度就会降低。在勃朗峰的顶峰上，水到85℃就能沸腾。有人会抱怨在高海拔地区烹饪蔬菜要花更多的时间，要不是为这些人提供抱怨的缘由，这样的数据又有什么用呢？

用隔水炖锅来做低温烹饪，又被称作是"真空烹饪"，不过这个名称并不准确。实际上，即使食材都放入真空袋里，烹饪也是在

小常识：真空、静态真空、动态真空

真空究竟是什么呢？真空就是虚无，既没有分子，也没有原子……似恒星般的空。真空又可定义为压力的对立面。更准确的说法是，真空就是一种无压力的状态。因此，真空可以"推向"最大值。是的，真空或多或少是推出来的，也就是说，它可以用最简陋的方法获取（比如用吸尘器去吸），也可以用初级方法获得（比如厨房里用的真空机），或用高级方法获取（比如实验室用的超真空机）。不过我们一定要注意其中的细微差别：要么用吸气的方法来抽真空，然后保持其密封状态（这是静态真空）；要么采用连续制造真空的机器，比如让真空泵连续不停地工作（这是动态真空）。

常压下完成的。尽管这会让大家所接受的说法受到伤害，但真空下是无法烹饪的！我们只不过是把食材周围的气体抽掉罢了。到目前为止，让人既能利用温度又能利用压力的厨具还依然十分鲜见。

不过，有一款 Gastrovac 牌真空低压烹饪机，机内始终保持着动态真空，在烹饪机工作的时候，一只真空泵一直在连续不断地抽真空，这样就能确保加热是以低压方式来实现的。因此，机内沸腾的温度就会大大地降低，从而降低了烹饪温度。这时就要考虑适当延长烹饪时间。低压烹饪的好处是，它可以极大地减少烹饪对食材的香气、维生素以及色素的破坏。

Gastrovac 牌真空低压烹饪机其实就是一块电热板，它让人开始去琢磨这种开创性的烹饪方法。但有没有连续真空烹饪炉呢？你们不妨去想象各种可能性。厨具制造商们，该你们大显身手了！

第四章

这里成冻了！

鸡蛋是在加热后才凝固的，但果酱恰好是在冷却之后才凝固成型的……要是加热过头的话，蛋白的水分就会流失，而果酱呢，就会变成果子水了。这是不是很矛盾呢？

无论是（熟）鸡蛋、面包芯、果酱，还是传统花色肉冻，或是植物面条、藻朊酸盐赋形剂等，都是以凝固的形式来呈现的。

束缚手脚

当蛋清在遭受"煎熬"时，在高温的作用下，蛋清当中所包含的蛋白质便舒展开来，相互拢在一起，形成一个固态网。当蛋清呈液态时，每一个分子都可以随意动作，不必考虑周围的其他分子；当蛋清向固态转化时，每一个分子都相互连接在一起，而且是紧密地连接在一起，从而形成固态。当你"吸"一个液体时，比如你把水杯微微倾斜，你会看到只有一小部分水在流动。换句话说，水杯里的水并不是一下子就倾倒干净的。这是因为有些分子在短距离内相互之间发生作用，而分子之间的联系又相对较弱。相反，如果你去"拽"一把叉子，那么整个叉子就会拽到你手里，因为所有的金属原子都是连在一起的，只不过它们在空间所占的范围比较大而已。

蛋清由液态转变成固态也是这种情况。我们再举一个具体实例，取一个制作火腿馅饼的器皿，加入牛奶或奶油、鸡蛋以及你想

小常识：物质的形态

简单地为固体、液体及气体下一个定义，其实并非像人们想象的那么容易。要是说我们所呼吸的空气是气态，我们所喝的水是液态，我们所吃的粗盐是固态，对于这一点，恐怕大家是没有疑义的，但如果对其进行加热或者加压的话，那么它们的形态就会发生变化。这究竟是为什么呢？在微观层面上，又发生什么样的变化呢？比如，水在100℃时开始沸腾，而液氮要到－196℃才能沸腾！冰块在0℃时就会熔化，而食盐要到880℃左右时才能熔化。这样的差别又该怎样解释呢？实际上，热量是在物质内部破坏分子联系的根源，让物质从某一状态转变为另一状态。由于物质内分子的联系或强或弱，因此促使物质状态发生变化的温度也会或高或低。

固态　　　　液态　　　　气态

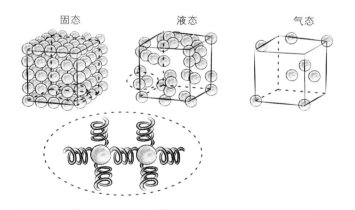

描绘这些物质状态物理量最贴切的指数就是物质的密度，也就是说，物质在单位体积内包含多少粒子（原子或分子）。

密度很大的材料就是一种固态（比如人们所说的凝结物），因为在其单位体积内包含有许多分子。所有这些粒子（或分子）都紧密地连接在一起，"相互连接成一体"，还有其他许多原因，都表明一种固体材料是可以操控的，因为材料的分子都连接在一起，不会流动，要是不去"拽"的话，它是不会移动的。

分子在空间的排列也许是井然有序的，甚至是完美无缺的，即便在现实生活当中，没有任何东西是完美无缺的！或者完全相反，它们在空间的排列是散乱无序的，当然有人还会说起结晶固态或无形固态（即非结晶固态）。最后我们还观察到，固态还有一种中间状态，在种状态下，物质的某些区域已呈结晶态，而其他区域则呈无形态，某些塑料聚合物及植物纤维（如纤维素）就呈这种状态。

在糕点业里，糕点师将糖浆（蔗糖）加热到130℃以上时，将其倾倒在面板上，形成一块糖玻璃（与窗玻璃很相似：透明、易碎，其内部结构是无序的）。然而，随着时间的推移，晶体逐渐形成，并变得越来越大，因为糖又开始结晶（以便恢复到最稳定的状态）。那块糖稀或玻璃糖就变成不透明

的白色。这就是为什么糕点师往往要在糖稀里添加一点纯葡萄糖或转化糖的原因，只有这样才能让糕点上的糖稀装饰保持得长久，以延缓蔗糖的结晶现象。所谓转化糖就是把蔗糖部分水解为果糖和葡萄糖（参阅彩页第 6 图和第 7 图）。

相反，气态则是一种很稀薄的状态，分子在气体里并不连接在一起，移动的速度非常快（每秒几千公里），而且朝各个方向移动。它们之间唯一有可能的相互作用就是在容器内壁上撞击及"反弹"，或者撞在墙壁上，再不然就撞在我们的脑袋上。

液态是介乎于固态和气态两者之间的状态，液态亦称为"高密度"状态，在这一状态里，部分分子能"相互碰面"（它们在局部地带有序地连接在一起），而其他分子则"互不理睬"，就像气态里的分子那样，况且还因为分子在液体里的移动速度相当快。随着时光的流逝，"相互碰面"和"互不理睬"的分子数量一直在不断地变化，这也正是液态与无定形固体之间最大的差别，在无定形固体里，那些无序的区域并未随着时光的流逝而变化，即使有变化的话，也变化得非常小。

结晶态

无定形态

加添加的任何一种食材（比如蘑菇、肥猪肉丁、细香葱、金枪鱼末等），这些原料掺在一起，呈一种液体的糊糊状，对于一位化学家来说，要想把这糊糊状烹制成形，以便仔细地去研究，他只需知道这当中有两种最重要的原料：一个是水（这里主要是牛奶）；另一个就是蛋白质。当这些原料尚未烹制时，蛋白质可以在水里自由游动，由于蛋白质的体积非常大（还记得我们在前文讲过的毛线团的变化），因此它们移动起来极为困难，而且非常缓慢，这就是为什么液体显得极为黏稠的原因。

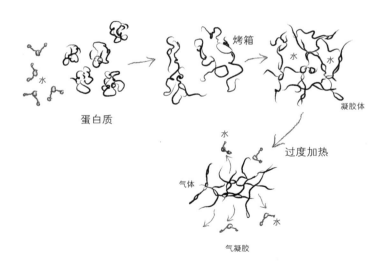

小常识：无论是烧煮，
还是掺水熬稀，这都是烹调

要是哪位化学家能把煮熟的鸡蛋掺上水熬稀，那他一定会被人当做魔术师，要想完成这个戏法，他就得采用一种剧毒物质（硼氢化物），这一物质将去侵蚀二硫化物链。整个化学反应非常缓慢（大概需要几个小时），但却极为震撼，因为蛋白从白色固体转变为半透明的液体。当然这只是作为趣闻说说而已。

接着，把这些原料放到烤箱里。待馅饼烤熟之后，你拿刀去切，感觉就是在切一个固体。在馅饼"烤熟"的状态下，原料里的分子依然是原有的分子，但它们却紧密地连接在一起了。要想把它们分割开来，你只能用刀将馅饼切成一块一块的。蛋白网将馅饼器皿里的水都拢在一起（当然也把肥猪肉丁、蘑菇等作料拢在一起），因为所有的蛋白质都胶凝在一起，馅饼也就烤熟了。要想把馅饼或煮鸡蛋掺上水再熬稀是不可能的，因为蛋白质所形成的化学链非常强，即使加温也不可能使其逆转回液态，冷却可以让凝胶体变得更结实，因为分子被限制得动弹不得，馅饼看上去也就显得更板实，但如果过度加热的话，凝胶体一开始会变得更结实，接下来会变得干硬，因为原本被封闭的水分在高温下都蒸发了。最后这一点正是烤馅饼与果酱及凝胶之间的最大差别。

面包芯

在烤制面包的过程中，面包里的内芯就是化学网状结构形成的过程。面包师在揉面的时候已将面筋蛋白质作了水合，并让其舒展开来。面筋蛋白质呈线状掺和在一起，从而让面团有一股韧劲。在面团膨胀及烤制的过程中，酵母所产生的二氧化碳都被封闭在面包的中间部位，这一部分就凝固起来，进而形成面包芯。烤制的食品也是不可逆转的，且无法再还原成初始状态，因为蛋白质链非常强大，况且它还经受过高温的烤制。随着时间的推移，烤熟的面包会变得越来越干，因为被封闭在面包当中的水分都逐渐蒸发掉了。实际上，我们可以说，面包干就是不含水分的面包芯，又可称为气凝胶（气体填补了凝胶里水分蒸发后留下的空间）。

至于说干面包芯，它的主要成分就是直链淀粉、支链淀粉和面筋，其结构很松脆，任何外来冲击都不会被吸收掉，因为面包芯中已没有任何水分（这和生面团或新鲜面包芯截然不同）。在掌握这方面的知识之后，我们就能更好地理解下面这句话，这话是一位物理化学家在吃早饭时说的，他吃的是面包干加欧洲越橘果酱：

"劳驾，麻烦你把那瓶富含蔗糖和花色素的网状多聚糖，还有那盒面筋气凝胶递给我，好吗？"

小常识：气凝胶

气凝胶虽然也算是固体，但其密度却非常低。因为它们几乎完全是由气体构成的，而且是非常好的绝缘体，因此常被人拿来做隔热或隔音材料。况且，由于它们有很大的可自由处理的表面（这和由许多气泡所形成的高孔隙率有关），是催化剂最理想的结构体（氢燃烧电池，并在汽车的催化器里去分解一氧化碳）。

松脆

如果反复地去加热一块火腿馅饼，那么每加热一次，馅饼就会变得干硬起来，到最后就硬得没法吃了。而抹了黄油的面包片也一样，加热到最后就变成面包干，或者变成面包屑了。每放到烤箱里加热一次，封闭在凝胶中的水分就会蒸发掉一部分，最终将整个馅饼里的水分全都蒸发掉了。馅饼的外边总是最干的，因为外边是最先脱水的。

小食谱：猫舌头和脆边煎饼

一种食物只有在其水分蒸发之后，才会出现松脆的现象，比如你做一个煎饼，只有在煎制时间加长的情况下，才能做出脆边煎饼来，也就是说，要让煎饼里的水分几乎完全蒸发掉（形成气凝胶）。

将英式奶油薄薄地敷在烘焙垫（或烘焙纸）上，放入烤箱里烤，英式奶油就会变成一种轻软、松脆的小甜点（类似猫舌头那样的点心）。

小常识：渗滤

　　渗滤是普通物理学的一种原理，在森林火灾防御，信息、电子信号传递，预防疾病传播等领域得到广泛的应用。每一个分子（树木、人员等）都占据一个位置，周围还有相邻的分子（亦称配位），分子可以把自己的状态传递给周围的分子（如导电、病理、信息等）。如果它周围的相邻分子不够多，那么那种状态只是一种局部现象，但如果它周围有相当多的分子，而且每个相邻的分子之间的距离又非常近，那么这种现象就会蔓延开来，甚至蔓延得很广。

　　如果再添加某种相关联的东西或某种额外的相邻物，那么整个体系就会猛然从一种状态转变为另一种状态。比如在下一幅图表里，原体系是绝缘的，但添加一个原子之后，整个体系就变成导体了……

　　大家还谈到渗滤的临界值，谈到渗透转移（封闭／打开、导体／绝缘、病毒携带者／病人、消息灵通的／一无所知的、松软的／易碎的）。比如你在一个栅极里放入金属介子，将两个电极连上灯泡后，给电极通电。如果介子的数量不够多，

那么栅极总体来看就是一个绝缘体，因此灯泡不会点亮。

不过要一直等到介子的数量达到临界状态，才能让栅极在瞬间变为导体。这时电流可以通过，点灯也就点亮了。

我们在此表明，由绝缘体向导体转变的过程，其实就是渗滤的转变过程，金属介子在空间的排列状况将会影响导体的特性。实际上，无论你把介子排成方阵，还是排成梅花阵，无论是在两维空间内（类似我们提到的栅极），还是在三维空间内（类似许多其他体系），在每容积单位（或平面单位）里，能够引发渗透转移的介子（或被占据的位置）数量都不一样。

渗透转移

在左图里，被占据的位置还很少，整个系统依然拥有聚合的特性（比如电绝缘性）；在右图里，渗透转移已达到极限（从宏观上讲，整个系统已成为导电体）。

有关松脆食品的研究是我做硕士论文时的研究课题，也是在埃尔韦·蒂斯指导下做的课题。我们研究糖浆和玻璃糖，来模拟松脆食品的形成过程。当你把水和糖放在一起加热时，你就能熬出糖浆。在熬制过程中，水蒸发得越多，糖浆就会变得越黏稠。糖浆越熬越黏稠，直至熬到临界状态时，将其倾倒在案板上，它就变成一种易碎的固体。在这个实验当中，我们观察到物质从液态（最初呈流动状，后成黏稠状）转变为固态的过程，一道裂纹（应力变形的波纹）在整个结构当中逐渐扩散开来。它很容易碎，放在嘴里嚼时还发出嘎吱嘎吱的响声（因为这也是一种声波）！我们把这一切都做了量化处理，测出变形的数据，黏度数据以及水的作用，并提出一种设想，这也许就是一种渗滤现象。

凝胶

胶凝化其实也是一种渗透转移，因为物质也是从离析状态转变为连接状态。我们明白，这里也需要去突出显示一种胶凝的临界浓缩状态，才能让配制品变得"黏稠"起来。比如，我们还是来看火腿馅饼的例子，如果你在一升牛奶里只放一枚鸡蛋，那你的馅饼将始终是稀软的，总也不能成形。相反，假如你在一升牛奶里放 10 枚鸡蛋，你就能确信火腿馅饼肯定能成形，而且能烹熟，

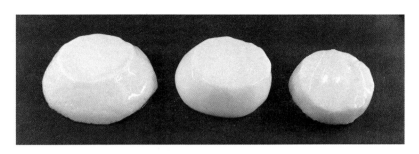

牛奶凝胶的测试结果

唯一的缺陷是这样烤出的火腿馅饼可能会凝结得太厉害。因为蛋白质也有一种临界界限（这里的临界界限和放入的鸡蛋数量有关），正是这种临界界限使火腿馅饼恰到好处地凝固在一起，因为这也正是渗滤现象在起作用。在凝胶物质（比如明胶、琼脂、海藻啫喱粉等）的使用方面，这种恰到好处的浓缩（临界界限）概念则被发挥到极致，凝胶物质放入量的多寡（往往是克量级单位）决定着菜品的凝结状态。

下面这张照片展示的是牛奶胶凝化的测试结果。在添加0.42%凝胶物质的情况下，牛奶凝胶软塌塌的，但在添加0.50%凝胶物质时，牛奶凝胶又变得太硬了，凝结得过头了。准确的添加量应该是0.455%。我们注意到精准的测定是十分必要的，而且还认识到阈值的概念，这个临界值不可超越得太多。

我们还观察到有些物理、通讯、医学、社会学等现象可以用同一种理论去模拟，去解释，这真的让人感到吃惊。血液在血管里流动，人群在地铁里穿梭，汽车在街道上川流不息，这都可以用同一物理方程式进行量化处理，不管是哪种情况下，前提条件一定是要流动（不能出现堵塞现象）。更有意思的是，既然我们可以模拟，也就能够事先预知测试的结果（在预防传染病方面，模拟方法恰好是最有效的防治手段）。在社会网络（互联网、社团网站）已成为重要社交工具的时代，渗滤理论（物理化学）以及网络的概念已变得格外有意义。

左右相邻及火腿馅饼

我在给学生上课或作讲座时，常常会让学生或听众去亲手体验。比如在讲述烹饪时（变性、凝固、网状结构），我会让坐在前排的学生或听众动手做一个火腿馅饼！这看上去有些滑稽，除此之外，以一个分子（或原子）的视角去想象，会让人更好地理解物理化学的概念。"假设我们是蛋白质，围绕在我们身边的空气相当于是水，那么我们就是蛋清了。"有人显然会责备这种拟人的做法，声称这将把人的意图强加给物质，不过我们一旦意识到这种方法的局限性，并让听众也意识到这种局限性，那么我们就可以去"利用物质"，还能高兴地把某些概念拿出来演示。当阶梯教室坐满听众时，我们很容易就能让大家注意到，教室里既有一定的序列，也有一种空间规律性，接下来就可以把结晶周期性的概念介绍给大家，和大家一起讨论结晶及有序状态与非晶形液态之间的差别（人群随意走动），让听众数一数他四周的邻座，进而以此来展现配位数的概念：如果座椅是前后左右对齐的，那么每个听众就有四个邻座（简单正方形网）；如果座椅是以梅花瓣形交叉排列的，那么每个听众就有六个邻座（蜂窝状六角形网）。其实我们还注意到，只要伸出自己的手，就能和周边的邻座建立起联系，如果我们去"拽"一个原子（这里当然是指用手去拽一个人的胳膊），那么整行听众都会随之而动起来……这会让人联想起固体的定义！

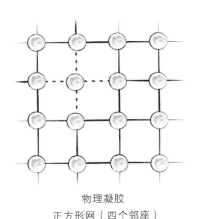

物理凝胶
正方形网（四个邻座）

化学凝胶
蜂窝形网（六个邻座）

通过上面这张图表，我们注意到，在某一相同平面内，蜂窝状可以比正方形状摆放更多的东西。蜂窝状里的物质也更密实。自然界里到处都有这种结构，比如蜂箱以及许多金属的原子结构都呈这样的结构，再比如人工种植的树林以及其他种植物也都采用这一结构。如果你想烤制泡芙或马卡龙，最好在烤盘上将其摆成六边形，而不要摆成正方形。同样如果你想把酒瓶或小啤酒瓶摆在一起，想在小菜园子里种点生菜及大葱，最好也采用六边形排列法。

果胶、果酱和凝胶

果冻的名字起得非常好，因为它们就是凝成冰冻状的凝胶。和果酱一样，成形之后的果冻在加热时就会融化，果酱每加热一次，就会融化，待冷却后又能凝成果酱。这就是人们所说的物理胶凝现象。这个意思是说，在微观范围内，凝胶形成后其分子之间的连接与蛋白质凝固现象在本质上是截然不同的。

其实凝聚力（让果酱变得"黏稠"起来）一直在和热力（让果

"外婆"凝胶剂

酱的结构变得不稳定）进行竞争。我们脑子里要去想象两块磁铁黏在一起的现象：一块磁铁的阳极被另一块磁铁的阴极所吸引（黏着力），但如果你用点力气（比如热力），你就能把这两块磁铁掰开，因为你给它们带来的力足以让磁铁之间的连接（磁力）断开，并让每块磁铁都能独立于其他磁铁。

这就是为什么在超过临界值时，果酱或肉冻会融化的原因。果胶在果酱里形成的凝胶物恰好就是这一现象的具体体现：当温度降低时，所有的分子都相互吸引，在局部区域甚至融合在一起。待原料冷却时，整个果酱就都粘在一起，其耐力性能也有很大的提高。

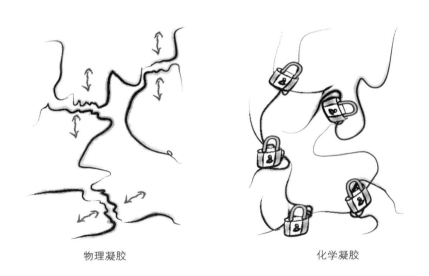

物理凝胶　　　　　　　　　　　　　化学凝胶

小常识：力、粘附力、热扰动

即使外表什么也看不出来，固体里的所有分子其实也都在动，虽然它们并不像在液体或气体里那样移动，但不管怎么说，它们一直在动，而且是在振动。若给一个固体加温，温度加热得越高，其振动的幅度就会越大。我们不妨去想象，所有的分子好像都被弹性连在一起似的。在整个固体里，弹性的长度及硬度（力）是确切且恒定的。要在连接力（即所谓的连接"刚性"或弹性的力）与热力之间保持某种平衡。

只是在有可能达到的最低温度（"绝对零度"，即 – 273.15℃）下，固体的分子才不再运动。只要高于这个温度，那么物质就会振动（是的，你的鸡肉片在冰箱里也振动）。你越加热，扰动就越大。最后，当热扰动变得非常强烈时，物质内的分子链就被打碎，一种无序的状态便建立起来，于是固体熔化，就呈现出液体。相反，当液体冷却时，所有的分子又都回到原来的位置上，弹性也重新定位，于是整个物质就凝固起来。

由于每一种固体的结构为其所独有（如弹性的位置及弹力，成分的性质等），其熔化的温度也

因此而不同。冰块是在0℃时熔化，而葡萄糖要在－160℃时才熔化，食盐（氯化钠）要到880℃时才熔化，重氮在－210℃时熔化／结冰，纯酒精（乙醇）要到－100℃时才熔化／结冰……其实我们也可以说氯化钠在880℃时"结冰"！我们此前才知道"结冰"的准确意思是"凝固"。

小常识：温度与压力

如果简单描述的话，我们可以说，压力所起的作用和温度的作用恰好相反。实际上，当你提升压力去压缩气体时，就是要强迫分子相互靠拢，让它们"相互碰面"，直到压力达到临界状态时，整个物质变为液态（让分子相互碰面，不断运动……）。

在不断压缩液体的同时，我们还可以缩小运动当中分子之间的空间，直到整个空间没有足够多的位置，物质转变为固体。每一种物质都有其所特有的临界压力值，一旦达到这个压力值，物质就会由一种形态转变为另一形态。

相反，如果给果酱加热的话，那将以振动形式逐渐打破分子之间的联系。我们在此就看到不可逆的化学凝胶（蛋清、蛋白质等）与热转换的物理凝胶（果胶、明胶等）之间最重要的差别。

当然，在果胶这个例子里，所有能调动的力并不是磁力。分子在某些区域里相互吸引是因为它们的电荷不同；而其他分子相互靠近则因为它们有相同的亲和力（亲水性或疏水性）。使用拟人化手法可以帮助我们更好地理解这些概念！

不过还是要当心！即使你在配料清单里看到"果胶 E440"，也千万别相信果胶只有这一种化学分子式，这和食盐总用 NaCl（氯化钠）来表示截然不同。果胶是天然高分子化合物，且种类繁多，它是由若干单糖分子结合（聚合）在一起，因此它又被称作

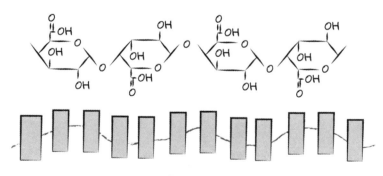

多糖类物质

多糖类物质。

果胶分子的长度及空间形态赋予果胶各种各样的特性，其化学及力学特性也不尽相同，因此有的凝胶就很耐热，但有的凝胶却不耐热；有的凝胶很有韧劲，但有的凝胶却很松脆，因为这些果胶里含钙、H^+离子（酸性）、糖等物质。

整个化学反应链的酸性组分如羧基（—COOH）可以是含甲氧基的[甲氧基团（—OCH_3）]，或是含酰胺的[酰胺基团（—ONH_2）]。这三个化学基团在反应链当中的数量多寡不同，果胶的物理化学特性也会因此不同。人们会说起"LM"（含甲氧基少的）果胶、"HM"（富含甲氧基的）果胶以及"LMA"（含酰胺基的）果胶。如果糕点师要做糕点浇头，做浓汁或者做果冻，那他会选择不同的果胶。

小食谱：该选择哪种果胶呢？

市场上主要有三种类型的果胶，要根据不同的用途，选择合适的果胶。

HM（富含甲氧基的）果胶在甜酸环境下会形成凝胶。这种果胶非常适合制作果酱。用这种果胶做出的凝胶物既有黏度也有韧劲。在"果酱糖"那一类的物质里都有这种果胶的痕迹。

LM（含甲氧基少的）果胶可以制成软啫喱。在放入少许LM果胶之后，汤汁就会变得黏稠起来，甚至形成某种形状，这种果胶非常适合做糕点的浇头。摆放在糕点货架上的苹果挞就敷着一层薄薄的啫喱，这层啫喱就是用糖浆和LM果胶混合在一起制成的。

LMA（含酰胺基的）果胶和LM果胶很相似，不过经过化学改性之后，LMA果胶会对钙发生反应（遇钙后凝胶能力更强）。在制作牛奶基或奶油基啫喱，比如制作意式奶油布丁、胶凝化牛奶及牛奶蛋糕时，人们通常会采用这种果胶。

瞬间就能掌握的诀窍

人们常常说，分子料理的目的就是让厨艺摆脱那些不正确的诀窍。这话说得没错，我们在下一章里就会看到这些诀窍，尤其是使用蛋黄酱的诀窍。不过，我们在此还是要证明有些诀窍在科学层面上看还是有道理的。

我们的外婆在过去个个都是烹饪高手，她们也许并不知道什么是渗透，什么是 pH 值，但她们凭借自己的经验，完全靠直觉去烹饪。我们不妨来看看两种流传很广的小窍门：

"如果真想把果酱做得很棒，就要把水果放在糖里浸渍几个小时。"这样做是对的！通过渗透手法，水和糖的含量在水果和果汁之间达到某种平衡。这一过程十分缓慢，需要耗费好几个小时。同样，用糖去煮水果同样需要控制浓度的平衡，如果将水果放入过浓的糖浆里，水果本身所含的水分就会从水果里释放出来，以化解过浓的糖浆，但效果并不理想。水果就会变得干枯，甚至变得"萎缩"。相反，如果将水果放入过于稀释的糖浆里，在煮的过程中，水果就会分解，其口感就会比煮水果浓稠一点，但比果酱要稀很多……因此，一定要把握住水果中的含糖量，并以此来调整糖浆的浓度。在果酱这个例子里，如果在煮之前，先把水果放在糖里浸渍一下，那么煮出的水果不但好吃，而且还会保持其原有的形态。

小常识：渗透

渗透是一种扩散现象，这一现象出现在两种不同化学成分的液体之间，液体由一个半渗透隔膜阻挡着。当隔膜两边的液体浓度近乎一致时，就构成物质最稳定的状态。

如果分子或离子足够小，它们可以穿越隔膜的微孔，并以渗透方式进行扩散。在糖渍水果这个例子里，水果浸渍在糖浆里，糖浆的含糖量要远比水果本身的含糖量多得多。

因此，水果里的水渗到果皮外面来，以稀释糖浆当中过多的糖分，而糖浆里的糖分则渗入果肉里，以平衡果皮内外的糖分浓度。

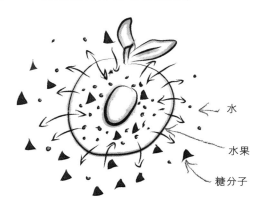

糖渍水果和渗透

糖的分子（图中的三角形）在果肉里弥散开来，
而水（图中的小黑点）则朝水果外部渗透。

海水淡化系统所采用的正是这种渗透方法，通过一个隔膜来平衡水中盐的浓度。

"柠檬汁有助于让果冻成形（如红果[1]、黑加仑、茶藨子）"。这样做也是对的。果酱类果胶是水果里所含的一种天然果胶，在果酱糖那类的物质里都能发现它的痕迹，果胶分子对糖的浓度及酸性媒质极为敏感。在酸性媒质里，果胶分子的电荷被抵消掉了，因此不会再生成新的分子链。所有的分子都轻易地融合在一起，并形成一种网状物：果酱就这样制成了！加上一点柠檬汁（pH 值约为 2.5）有助于果酱凝结。此外，红果的色素（亦称花色苷）也对酸性媒质十分敏感，酸性媒质（pH<7）的颜色一般都为鲜红色，而碱性媒质（pH>7）通常会转变成深蓝色。因此，略带酸味的覆盆子或茶藨子果酱会呈鲜艳的红色，从而让人食欲大增。假如生活中确实有偶然性（我倒是真不信），这偶然之举恰似神来之笔，因为做果酱时加一点柠檬汁，竟然会有这么多好处！

---

1 这里所说的红果并非指中文意思里的山楂，而是指落叶灌木那一类的红色果实，包括黑茶藨子、桑葚、黑樱桃、覆盆子、欧洲越橘等。

小食谱：pH 值和欧洲越橘

　　为了验证 pH 值对红果汁颜色所起的作用，可以往红果汁里倒上一点柠檬汁、白醋，当然也可以撒上一点碳酸钠（或化学酵母）。在验证的过程中，要格外谨慎，作验证用的红果汁绝对不能饮用。你可以去测试最酸的果汁，也可以测试烧碱，颜色则由红色变为深蓝色。紫甘蓝也有这种特性，在加入醋酸或食用碱之后，紫甘蓝的颜色变化非常丰富，在红色、粉红色、紫色、蓝色、绿色、黄色之间变化。把紫甘蓝放到榨汁机里，榨出菜汁之后，你就可以开心地去测试这些颜色变化了。

　　不过，你还可以做一些更有趣的测试：在将欧洲越橘榨成汁后，加一点水和碳酸钠。将这些混合物过滤之后，倒入一个杯子里。接着，你再往杯子里倒一点柠檬汁，然后去观察……酸性物质将碳酸钠中和了，进而产生碳酸气。这种混合物产生的泡沫也变了颜色，因为花色苷最初在碱性媒质里呈深暗色，但在酸性媒质里却变成红色。

　　只要发挥出一点想象力，就能把黑森林甜点变成红森林慕斯（参阅尾声及彩页第 27 图）！

花色肉冻

花色肉冻一直让我感到好奇，也让我感到担心。食品加工店的陈列台上摆放了那么多头盘凉菜，肉冻里的那些圆形肉片好像在盯着我们看。所有的配料（切开的煮鸡蛋、豌豆、胡萝卜等）都显得暗淡无光，自然也就缺少了生气，似乎永远地凝固在这团半透明的肉冻里，就像葬礼上摆放的装饰物，装饰物里的花朵都是用树脂浇注出来的，表面还刷了一层透明涂料。这种展示食品的方式已经有些过时了，它难免让人联系起往事，尤其是再放上一些蛋黄酱和香芹作装饰，在盘子四周摆上切开的西红柿片。这类花色肉冻是用动物凝胶制成的。当明胶用得过多时，肉冻则显得不透亮，而且易碎。当然，肉冻里的配料是不会散落出去的。

八片、九片、十片，每升竟然要用十片。无论是用来做头盘凉菜，还是用来做糕点（奶油布丁、慕斯等），明胶往往放得过多。小学徒或者刚入门的新手总是担心肉冻或甜点不成形，会毫不犹豫地再多放一片明胶，以"确保"肉冻或布丁能成形。然而，放入过多的明胶会让肉冻或布丁变得不那么美味可口，因为有滋味的分子很难渗入人的味觉感受器官，去散发它的香味；而且肉冻或布丁还会变得不透明，让人很难看出肉冻里的配料，也就无法引起人的食欲；更何况吃到嘴里时，它有一种脆脆的感觉，而不是入口即化。至于说明胶本身，它绝对不能用来制作小方饺或蔬菜冻，因为明胶在接近40℃时就会熔化。幸好还有许多其他凝胶分子，它们都是天然植物型的，而且具有多种多样不同的热塑及力学特征。这样，我们就可以把胶原、肉皮、牛腱子、牛肉、猪肉、禽肉等动物凝胶弃之不用了。我们要在植物界，尤其是在丰富的海藻界里去寻找凝胶物质，去验证新的口感，让这类凝胶既可用于头盘凉菜，也可用来制作热菜！

小常识：口味里的化学

我们之所以能感觉到各种口味，那是因为滋味分子纷纷粘到我们的味觉感受器上，感受器将获得的味觉转变为电子信号，再传给大脑。大脑将刺激物转换成能刺激感官的图像、情绪及感受。味觉感受器分布在舌头上，这就是舌头上的味蕾，除此之外，感受器还分布在上下颚、口腔内壁及舌根处。在品尝菜品的滋味时，让菜品闻着有香味同样极为重要，这就是香气与味觉不可分割的道理。除了化学及电感应刺激之外，还应该考虑菜品的口感。一个过于密实的肉冻，比如每升放入十片明胶制成的肉冻，在味觉上肯定和每升放入六片明胶制成的不一样。结构密实的肉冻肯定不太好吃，因为滋味分子都被封闭住了，很难向

我们的味觉感受器散发香味。有人往往更注重菜品的卖相，而忽略了菜品的口味，因为明胶含量多的肉冻很容易成形，而且也好切。这样的菜品确实好看，但却不太好吃！相反，在一款柔软的肉冻里，滋味分子更容易扩散。在其他菜品里，柔软的东西显得更好吃，口感也更好，这就是滋味分子在发挥作用。比如用腌泡汁去腌渍肉制品，我们注意到牛肩胛肉很难入味，尤其是腌泡汁的味道很难进入肩胛肉的中心部位，而鸡胸肉则相对比较容易入味，这主要是两种腌肉的纤维（胶原、肌原纤维）空间结构及纤维长度截然不同，芳香分子扩散得容易或难以扩散所致。

说到这个菜品，我们建议用连续真空法去腌渍肉制品，首先把要腌渍的肉放入调好口味的腌

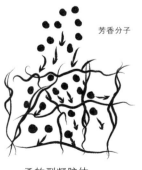

芳香分子

柔软型凝胶体

密实型凝胶体

用腌泡汁腌渍时，芳香分子的扩散过程

泡汁里，然后将其放入真空锅，用一只真空泵连续不断地对真空锅抽真空。

在真空的作用下，调好口味的腌泡汁就会自然而然地渗入到肉的组织和纤维里，当然也可以渗入鱼肉、蔬菜和水果里。这样就不必像以往那样，要把肉放在腌泡汁里腌渍 24 小时，甚至腌渍 48 小时，用真空法腌渍，只需半个小时，就能把肉腌透。

这种创新型腌渍法快捷有效，还能降低腌肉沾染细菌的风险，因为腌肉暴露在空气的时间越长，就越有可能沾染细菌。

琼脂、啫喱粉以及其他"现代"凝胶物质

虽然植物凝胶的口感是创新型的，但目前所能采用的植物凝胶依然显得有些落伍，因为它并不是"分子"型的，也就是说，它不是"最新研制出来的"。在这一点上，我们好像遭遇了双重打击似的：首先它们好像是最近才投放到我们的市场上的，其次产品上所展示的"分子"标签是由卖配套用品及香料的售货员贴上去的。

其实农产品加工业很早就采用植物凝胶了，而家庭主妇只是最近才开始将其用于烹饪，面对这类标签，有些人可能会感到可笑。亚洲人使用琼脂已经有几百年的历史了，而啫喱早在公元 17 世纪就已被爱尔兰人所掌握。爱尔兰人在沿海地区采集红藻，将其洗净之后，放入牛奶里煮。待牛奶冷却之后，他们就得到一种凝胶奶。如今这种海藻被划归于 E407 编码下，几乎所有的乳状甜点都是用这种海藻制作的。

啫喱粉或红藻（又称 E407）

有些人将其称为植物明胶，因为用它做出的啫喱与用动物明胶做出的肉冻十分相似：既柔软又有韧劲，且不耐高温，但植物明胶这一名称还是有待商榷。构成凝胶的分子在遇到钙时，其胶凝力就会增大，这就是为什么要将其放入牛奶里的原因。鉴于牛奶与红藻啫喱的协同作用，在制作菜品时，不需要放入太多的红藻啫喱，就能让菜品形成凝胶。一般情况下，只需放 0.1% 至 0.5% 的啫喱粉就可以了。这个比例确实是太低了，尤其是和那些添加量在 2% 至 3% 的明胶相比就显得更低了。这意味着在采用这款啫喱粉时，需要使用极为精确的天平，最好是那种能显示小数点后两位数字的天平。要真是这样的话，厨师也就和糕点师没有太大的差别了，大家知道厨师做菜的手法是极不精确的，而糕点师则要求十分精准。

在此，所有人都应该采用相同的严谨性和准确度。在使用如此强劲的明胶时，任何微小的错误都不能犯，因为稍微一疏忽，你要做的肉冻就会变成像汽车轮胎那样硬的凝胶！你要根据菜品所含的糖、盐、钙、脂肪来调整啫喱粉的添加量。

食材的微小变化会让整个菜品发生巨大的变化。因此，在参阅分子料理的食谱时，一定要格外谨慎，分子料理的食谱往往都以克级单位来计量。虽然你做出的菜品卖相很好看，但吃到嘴里却让人感到失望，因为菜品胶凝得过头了，你放入的啫喱粉量和所选用的食材不匹配。尽管如此，一旦闯过这道难关，你就可以随意发挥这些凝胶的作用，它将给你提供更广阔的想象空间，为你打开更多的施展才华的渠道，而这些渠道单靠明胶是无法拓展的。

从海藻里提取的聚合物还有其他的差异和好处，这些明胶大部分都具有低热量的特性，鉴于此明胶提取自植物，因此信奉不同宗教信仰的人都可以食用，其中有些明胶甚至能耐 60℃ 以上的高温（如藻朊酸盐及琼脂）。

小食谱：固体鸡尾酒

在给客人调好一杯开胃鸡尾酒时，往往还要端上一小盘花生米或腌渍橄榄，那么我们能不能不给客人端上花生米或腌渍橄榄，而是直接给他一个固体鸡尾酒，让他慢慢咀嚼呢？前提条件是，这类鸡尾酒饮品不能太酸，也不能含过多的烈性酒，抛开这两个因素，大部分鸡尾酒饮品在添加琼脂后都可以实现胶凝化。

比如，我们不妨做一款 B52 魔方（参阅彩页第 17 图）。

将橙味利口酒、威士忌利口酒及咖啡利口酒分别加热，并加入 0.5% 的琼脂。

将这三种利口酒分别倒入高为 1 厘米的长方形模子里。让利口酒啫喱冷却成形。

将利口酒啫喱脱模，然后将啫喱切成 1 厘米见方的方块。将三种颜色的方块交错码放，做成魔方造型。

食用时，再往魔方上浇一点橙味利口酒，点火让其燃烧。如果你想让火焰产生冒火星的效果，就在上面撒点肉桂粉末。火焰的热度会让固体鸡尾酒的口感变得更柔软，同时会给你的客人一种意想不到的惊喜！

意式植物细面条

植物细面条要比花色肉冻更奇妙，因为植物细面条的模样更诱人。做成细带状的调味汁，佐以番茄细面条（和小麦通心粉混在一起），再配上可口的小吃和削成螺旋状的水果……根据个人的口味，可以摆出各种不同造型的装盘图案，既可以做成咸口菜品，也可以做成甜口点心。由于植物细面条外观看上去很可爱，从而会让孩子们吃到更多的蔬菜：一个做成管状的、亮晶晶的橙色胡萝卜肯定要比胡萝卜泥更好看，更能引起孩子们的食欲，因为胡萝卜泥既不透亮也不美观，而且色泽暗淡！

小食谱：意式植物细面条

取 1 克琼脂和 140 克调好味的番茄汁。将番茄汁烧开一分钟，边烧边用力搅拌。

　　取一支导液型针管（套管嘴大的那一种），再取一根直径为 6 毫米—7 毫米的塑料管。将塑料管套在针管上抽取尚未冷却的番茄汁，注意不要让番茄汁抽到针管里。拿掉针管之后，用手将塑料管两端堵住（别让联通管原理发挥作用）。

　　让塑料管内的番茄汁冷却。要想把管内的啫喱弄出去，只需将针管里充满空气（或灌满水），再和塑料管连在一起，用空气或水将塑料管的内容物推出去。番茄细面条便慢慢从塑料管里推出来。面条可以切成一段一段的，也可以加温食用……

　　新的创意：将番茄啫喱做成小螺旋体，放入小吃碟里。小吃碟里放少许淡香醋，然后再放一块莫扎里拉干酪。摆盘时放几片罗勒叶、少许橄榄油及几粒盐花……这可绝对是一道"分子"型番茄干酪开胃菜。

（参阅彩页第 9 图：意式薄荷植物细面条）

天然型 E406

食品加工行业的争论愈演愈烈，大家将矛头直指种种浪费现象，并不时说起绿色能源，人们对自己所食用的东西，对自己吞咽到肚子里的东西越来越敏感。所有"天然"的东西，为城里人特意准备的菜篮子，包装食品用的牛皮纸，这些东西一下子又都变得时髦起来。有些人则利用这种流行趋势，向我们推销他们的"土特产"，但推销时竟然在城里开着四轮驱动的柴油越野车……还是让我们回过头来继续说海藻吧：把 E406 型凝胶剂介绍成是"天然制品"并非不合理，甚至可以说很有趣。实际上，海藻可以人工养殖，但要完全依照天然生物的标准去养殖。这样我们在市场上就能看到 E406 琼脂、E407 啫喱粉以及"天然型"E401-E404 藻朊酸盐。这里的"E"并不是"有毒"（化学制品）的意思，而是指欧洲，因为所有的食品添加剂都应有一个欧洲编码，以便能够加以鉴别。当然，添加剂也并不是"有毒"的或"化学"的意思，正如这个名词所标明的那样，它只是一种额外添加的辅料。淀粉（我们烧菜最常用的一种面粉）的编码就是 E1400。诚然，在包装上注明"淀粉"要比标注 E1400 更合理，而且更容易被消费者所接受，同样在包装上注明"海藻末"要比标注 E406 更合适……然而有些食品加工商却对"改性淀粉"缄口不语，而"改性淀粉"其实就是用化学方法制做出的改性物，和 E406 相比，这款改性淀粉并不是天然制品……那么所有这些化学的、有毒的、有危险性的、合成的、天然的、人工的概念都应让消费者知道。消费者有权知道这些信息，我承认有些添加剂确实是混合物，而且有些类比显得比较突兀，但有时要把这些概念全部区分清楚是很难的。

有滋味的小球

我们已在前文谈过多款凝胶，它们的热力及应力特性各不相同。蛋清是一种从化学上看不可逆的凝胶，而琼脂、啫喱粉以及动物明胶则是在物理层面上可逆的凝胶。果胶被列入物理明胶的范畴，但其特性又取决于溶剂的化学成分，有些果胶（比如富含甲氧基的果胶）在酸性媒质里会凝结起来，而另一些果胶（比如含酰胺基的果胶）在遇到钙时就会呈现胶凝状态。我们再来看最后一组凝胶分子，这就是藻朊酸盐。藻朊酸钙凝胶则被划归于化学明胶范畴，因为藻朊酸盐一旦形成凝胶之后，就会变得很稳定，即便加热也是不可逆的。换句话说，在对藻朊酸盐凝胶加热时，即使其结构遭到破坏，它也不会熔化。正是凭借制作藻朊酸盐球体，即让藻朊酸盐表面胶化成球，那些"分子料理"大厨们才在国际上声名鹊起，甚至名声大噪，其中就有大名鼎鼎的费朗·亚德里亚。其实表面胶化成球工艺早已应用于制药工业，制药工业将药的活性成分包在胶囊里，但在亚德里亚的潜心研究下，这一工艺才被移植到美食界，这位大厨将各种口味制成表面胶化的小球，而球的内芯却是液体，简直和鱼子酱别无二致。液体硅藻和琼脂细面条是分子料理的著名菜肴，而藻朊酸盐球则和这两个菜肴一样，如今依然是分子料理最当红的明星菜肴（参阅彩页第 11 和第 14 图）。

和果胶一样，藻朊酸盐也是网状多聚糖。这种在海洋界里的物质，相当于陆界植物里的纤维素，因为是它将海藻的植物结构连接在一起。在大型褐藻里，藻朊酸盐的含量非常高（能提取出 40% 的纯藻朊酸盐）。在日常生活当中，海藻的应用不胜枚举，比如化妆品里用的增稠剂，医药行业的活性分子弥散，皮肤病科用的"液体包扎膜"，牙科用的印模，印刷业所用油墨当中的稳定剂等。在食

小常识：藻朊酸和藻朊酸盐

藻朊酸是 1880 年才分离出来的一种聚合物，又称组合型聚合物，因为它由两种类型的分子（单体）连接在一起：即古罗糖醛酸（G）和甘露

糖醛酸（M）。这两种单体聚合物的相对数量及其空间排序（如：MMMGGGMMMGGG……，GMGMMGMGGMGMMGMG……）与它是用哪类海藻提炼的有关，当然也和海藻的采集地以及采集季节有关。所有的物理-化学特性都变化不定。藻朊酸钠往往会在钙溶剂里形成胶凝状。钙的两个正电荷（离子 Ca^{2+}）会同时抵消两个钠离子，因为钠离子只带一个电荷（Na^+），通过静电的相互作用，便将藻朊酸盐的两个反应链衔接起来。因此，所有的分子都相互连接在一起，整个凝胶也就生成了。实际上，恰好是带电荷的古罗糖醛酸在与钙相互发生反应。古罗糖醛酸在聚合物里的分布状况，它在数量上比甘露糖醛酸是多还是少，决定着凝胶体是软还是硬。由此形成的分子结构很像"鸡蛋托盘"的样子。

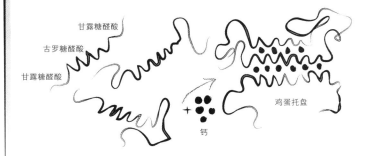

甘露糖醛酸

古罗糖醛酸

甘露糖醛酸

钙

鸡蛋托盘

品加工行业里，人们将海藻提炼成藻朊酸盐（钠、钾……），并将其划归为增稠剂或胶凝剂，所用编码为E401—E404，主要用于制作饮料及乳品类甜点。对于厨师来说，选择一个优质供应商至关重要，因为优质供应商除了要确保藻朊酸盐的纯度及颗粒度之外，还要始终关注每一批次的产品都具有同样的胶凝能力，这和供应商所选用的海藻密切相关。

在料理方面，藻朊酸钠会在配制品里融化开来，而厨师则想把配制品包裹成胶囊。紧接着，就要让它形成水滴状，并将其放入一种钙溶剂里。牛奶、奶油或硬水（富含钙镁的矿泉水）都适合用来做钙溶剂。当然也可以使用钙盐（乳酸盐或氯化物）。藻朊酸钠的用量一般为0.7%—0.8%，而钙盐的用量为1%—2%。

从化学角度看，藻朊酸盐是一种对酒精和酸度很敏感的聚合物。只要pH值低于4，藻朊酸盐马上就会胶凝化（形成藻朊酸），而与钙接触的藻朊却很难胶凝化，从而无法形成藻朊酸盐球。这里面就有一个小诀窍，其秘诀就在于要用一种基质去中和酸性物质，比如用枸橼酸钠做基质。于是，当pH值升高时，藻朊酸盐仍然十分稳定。尽管如此，在采用这一诀窍之后，我们吃到嘴里的东西却缺少了酸味，而酸味在提升菜肴口味方面却是极为重要的元素。柠檬汁口味的藻朊酸盐球却没有任何酸味，这样的分子菜肴也就没有任何意义了！所有这些限定条件都让藻朊酸钠很难应用于分子料理当中。同样，如果采用这种"正向"的手法，很难将英式奶油或其他奶制品包裹到藻朊酸盐球里，因为富含钙的奶制品会加快藻朊酸盐的形成。为了阻止这一现象，一种"逆向表面胶化成球"的技艺便应运而生，将富含钙的配制品注入到藻朊酸钠液当中。小球的

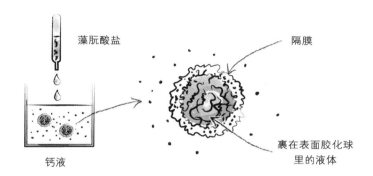

正向表面胶化成球法

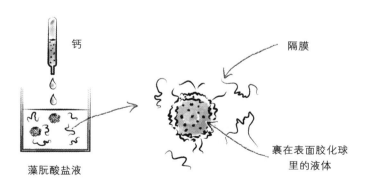

逆向表面胶化成球法

小食谱：薄荷球（儿童食品）

将 0.8 克藻朊酸钠均匀地撒入 100 毫升温矿泉水里（水的钙镁含量不能太高）。为了便于操作，可在藻朊酸钠里掺入一点糖粉。

将水和藻朊酸钠搅匀，直到藻朊酸钠完全融化到水里。

加入一点薄荷糖浆（根据个人口味，可添加 20 至 40 毫升）。与此同时，将 2 克乳酸钙放入 100 毫升白开水里溶解，待用。

用一根吸管、一支针管或一把小勺，将薄荷口味的藻朊酸钠抽入吸管后，滴入乳酸钙液里。注意别让吸管粘上乳酸钙液。然后用笊篱将凝成胶体的小球捞出。用清水清洗过后即可食用。

表面便开始胶凝化。在藻朊酸钠液浸泡 30 秒到一分钟，然后用清水将小球冲洗一下，以清除多余的海藻。这个技艺比正向表面胶化成球法更难掌握，但它的好处是可以让小球的内芯呈液体状，而且不管放多长时间都会很稳定。实际上，在采用正向表面胶化成球法时，小球内芯的液体里含有海藻，这会让小球包裹的内容物变得黏稠，放久之后会变得很不稳定，况且小球表面的钙会一直扩散到内芯里，内芯往往也变成凝胶了。这时，吃到嘴里的小球就没有"瞬间咬破"的感觉了，费尽心思做的小球也就没有任何意义了。

要是做得好的话，在基尔酒[1]和鸡尾酒里配上一点藻朊酸盐球，不但好看，而且好喝，尤其是给人一种有趣的品尝活力。金汤力鸡尾酒里若是放上几枚用汤力水制成的小球，这款鸡尾酒在昏暗的光线（紫外线以及酒吧里的灯光）里会发出荧光，因为小球里所包裹的奎宁对这种暗光很敏感（参阅彩页第12图）。况且，在品酒的过程中，每当牙齿把那些小球咬破时，嘴里瞬间又增加了一丝新的口味，从而让人总有一种口味层出不穷的感觉。其实，只要掺入一点点不同的滋味，各种口味也就随之产生，喝着杯中的酒，吃着酒中的小球，感觉口味始终在不断变化。比如一款著名的香槟酒可以先单独饮用，随后再掺入包裹黑茶藨子汁的小球，当牙齿把小球咬破时，基尔酒瞬间便在嘴里融合而成。这样的厨艺和行为艺术有异曲同工之妙，随着时间的推移，菜品本身一直在不断变化：观众／消费者转变为演员／参与者，并亲自参与作品／菜品的制作。

---

1 基尔酒（kir）是用黑茶藨子酒与白葡萄酒掺在一起配制的鸡尾酒；高档基尔酒（kir royal）是用黑茶藨子酒加香槟酒调配而成的，作者在此提到的香槟酒加藻朊球就是指高档基尔酒。

厨艺的活力

从总体上来看，"厨艺的活力"这种概念就是厨艺研究的核心，这一研究极为有趣，因此有必要进一步深入研究。蒂埃里·马克斯和我本人一直在设法研制种种食物结构，这种结构能为客人当场演变成形：由于采用了果胶，我们终于能做出即刻成形的果酱（将两种液体放在客人的盘子里，混合在一起，即刻形成一种果酱）；用红果做成的慕斯可以变换颜色（参阅尾声及彩页第 27 图）；或者做一款蛋黄酱，它当着客人的面，即刻成形（当时的设想是把两种液体倒入一个盘子里，这两种液体相互反应，即刻生成蛋黄酱，而人什么也不做）。不管是哪一种情况，都需要把物理化学反应与烹饪法有机地结合在一起。科学与厨艺的协同作用在此展现得淋漓尽致。

未来的包装？

我们就胶囊包裹法所做的研究最终超出美食的范畴，并把这一概念延伸到其他领域，如生物降解包装、食品包装或其他类型的包装。作为一种挑战，我们曾尝试着做出特别大的藻朊酸盐球，直到有一天我们能做出容积为 330 毫升的藻朊酸盐球[1]。到那时候，又会

---

1 330 毫升为一小瓶啤酒的容量，欧洲很流行小瓶啤酒包装。

出现新的问题……

　　如果有一天真能将海藻和天然聚合物结合在一起，那我们首先就要知道是否能在短期内甩掉塑料袋，甩掉铝罐包装。你不妨想象，未来的自动售货机将给你提供植物型小瓶啤酒包装。最终由你来决定是否把这包装物也一起吃下去，因为包装物本身也有味道（果皮味、巧克力味、椰蓉味……），当然你也可以把它扔掉，因为你知道用不了几天，这种植物隔膜就会在土壤里分解了（参阅彩页第13图和第15图）。这款包装极有挑战性，因为从本质上来说，将产品与外部污物分隔开的包装物是不食用的。我们目前的研究还仅局限于隔膜的防水性、抗压能力以及贮藏（冷冻、灭菌）等方面。

小食谱：贝利尼鸡尾酒（行家版）

将 1 克乳酸钙放入 100 毫升白桃果肉或白桃汁里融化。将果肉或果汁倒入冰块模里冷冻。

取藻朊酸盐，做成浓度为 0.5% 的溶液，做的时候一定要格外小心，参阅前文小食谱：薄荷球的注意事项。当桃子冰块成形时，将冰块浸入藻朊酸盐液，浸泡一分钟，待冰块表面形成胶化。

将成形的球体轻轻地从液体中取出来，放入清水中，以消除表面多余的藻朊酸盐。然后将其放入微甜的液体里，当然最好是放入桃汁里。

在给客人准备鸡尾酒时，将香槟酒倒入高脚香槟酒杯里，然后轻轻放入一两粒小球。酒杯里再插一根吸管，客人在喝酒时，可用吸管将小球隔膜扎破，将桃果肉释放出来。这款小食谱可以用于各款基尔酒，你只要选择自己的口味就行了！

我们还做了另外一款贝利尼鸡尾酒（参阅彩页第 25 图），不过这一次我们采用液体硅藻来包裹桃子果肉，然后将其嵌入到香槟酒冰糕里。

第五章

这里在冒泡，在放气，在乳化！

夫唯不争，故无尤。

—— 老子

你做蛋黄酱的时候，是否曾失败过？要不然就是你从来没有做成功过？不管怎么说，你还是尝试过自己做，而不想买现成的，这还真得算是你的功劳！不过，请你放心，我保证在读过此后几页文字，你再做蛋黄酱时就绝对不会失败……

通常在做蛋黄酱的时候，有好多注意事项，比如：鸡蛋要先从冰箱里拿出来，以确保与室温同温；或者恰好相反，要让蛋黄保持低温；打蛋黄的时候，要来回打；还要加点芥末酱，这样蛋黄酱才能更好地成形……类似这样的注意事项还能列出一大串，不过你在此找不到任何一条相类似的注意事项。是的，一条都不需要！蛋黄酱就是一种乳浊液。做蛋黄酱就是要找到水与油的最佳平衡点。

蛋黄当中所包含的卵磷脂是一种表面活性物，它有助于将两种不可混合的液体紧密地结合在一起，并让混合物尽可能保持稳定的状态，即人们所说的亚稳状态。因此，为了做出蛋黄酱，就要有食用油（或其他液体油脂）、水（或其他水溶液）和表面活性剂。我们还是去看看细节，看究竟怎样才能成功地做出蛋黄酱。针对这款乳浊液，在厨艺方面还能搞出什么样的创新……

从失败中学习

首先，怎样才能确信蛋黄酱是做失败了呢？这个问题在你看来是不是显得有些奇怪呢？其实这个问题并不奇怪，因为在酒店职业高中的课堂上，我经常见到有学生在尝试着做蛋黄酱，但往往都是以失败而告终。老师马上要学生再重做一遍。"遵命，老师！"学生把失败的蛋黄酱扔到垃圾桶里，又开始新的尝试，内心里祈祷着让蛋黄酱赶紧成形。在这样的学习氛围里，学生怎么能进步呢？其实，只需要把扔进垃圾桶里的蛋黄酱捡回来，放在显微镜下观察一下，就会看到里面还有许多粗大的油滴，当然也有细小的油滴，这样的蛋黄酱打得很不均匀，因此也就极不稳定，其实只要知道自己错在什么地方就可以了！千万别有人对我说，这很费时间，而且显微镜价格不菲，其实用显微镜观察只需要五分钟，这对全班的学生都有好处，况且花上一百来欧元就能买一台小型显微镜。在研究过程中，失败的实验不会让人感到沮丧，反而会让人感到高兴（当然也不能总是失败啊！），因为失败会让人更好地理解研究对象的奥秘，从而推动研究向前发展。如果研究实验第一次就成功了，那么人们就会转向其他研究，转向更复杂的课题，达到人所能做的极限，直至失败。只有达到这个阶段，人才能更深入地了解自己知识的局限性，从而为自己的研究重新制定方向，去开发新的研究工具，朝新的目标努力！

　　要想不费周折就把蛋黄酱给做砸了，只需要把食用油一下子都倾倒在蛋黄上，然后把油和蛋黄混在一起，最终的结果当然是白费

小常识：乳浊液和胶束

　　蛋黄酱是水（蛋黄中所含）、食用油（人为添加）和卵磷脂（蛋黄中所含）表面活性分子达成均衡的产物。只要确保每种组分的相对比例，确保其均匀地混合在一起，这三种组分融合在一起就会形成一种乳浊液。

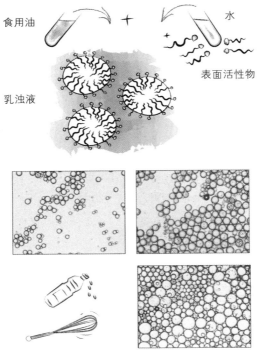

蛋黄酱的形成过程

当蛋黄酱成形时，所有的油滴都被封闭住了。

卵磷脂是由一条长长的亲脂分子链和一个亲水头组成的，亲脂分子链打入油滴里，而亲水头则浮在表面上。在一边往蛋黄上倒油时，一边要用力搅打食用油，把油打成细小的油滴，这样卵磷脂就能逐渐覆盖在油的表面上。这就是人们所说的胶束。与纯食用油所不同的是，从总体上来看，胶束的表面是亲水的，这就是为什么胶束会分散在混合物里。在日常生活当中，胶束的应用范围非常广，比如去除衣服的污迹或者洗碗时，肥皂或洗涤液里所包含的表面活性分子就会和油渍的微粒子形成胶束。油渍的微粒子外边围着许多亲水附属物，因此很容易被水清洗掉。在化妆品和个人护理用品方面，许多霜膏都含有丰富的油脂和水，这些产品在送达消费者手里时往往都呈乳液形态。

力气！实际上，既然我们想让微小的油滴分散到水里，那么我们就应该慢慢地让食用油滴入蛋黄，同时用力去搅打食用油，将油滴打得越小越好，并让微小的油滴都分离开，从而让整个混合物变得均匀起来。蛋黄酱是否成功的主要标准就是看油水能否融合在一起。因此初步看起来，温度并不起主要作用，无论是低温，还是高温，乳化都是可以做出来的。荷兰调味汁或白黄油酱就是令人信服的例子。无论选什么样的食用油，用什么温度的蛋黄或食用油，朝哪个方向去打蛋黄，加多少食盐，用哪种勺子或其他工具，任何诀窍都不管用。如果再进一步分析，人们就能甄别出其中细微的差别，并明确指出，温度越高，搅打得越猛烈，微小油滴就越有可能相互碰

小常识：稳定、不稳定、亚稳定……

许多机制都可以让乳浊液变得很不稳定，不过从总体上来看，更多的是让胶体变得不稳定，有关胶体的概念我们将在后文做详细描述。

絮凝反应就是胶束或微小颗粒聚合在一起的现象。在做蛋黄酱的时候，一定要避免出现这种现象，然而在某些应用方面，人们反而刻意去制造絮凝反应，有时甚至还要添加絮凝剂。在这种情况下，絮凝作用主要用来做污水处理（让悬浮在水中的泥土沉淀，去清除细微金属颗粒），当然也可以

用于滗析啤酒（将有可能形成沉淀物的沉渣和细微悬浮颗粒清除出去）。聚结或凝结是指两珠油滴融合成一珠油滴的现象。一珠大油滴和一珠小油滴碰到一起时，它们的表面能量将缩小到最低限度，从而形成一珠更大的油滴，这珠油滴的体积相当于两珠油滴，但其表面积比两珠油滴的要小。当气泡或油滴体积相似时，整个体系才会变得更稳定。

　　脂肪的细微颗粒因密度变化会浮到表面上，沉淀分离其实就与这一现象有关。这种现象我们

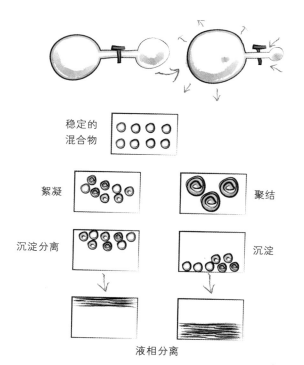

稳定的
混合物

絮凝　　　　　　　　　　　　　聚结

沉淀分离　　　　　　　　　　　沉淀

液相分离

在日常生活中也能碰到，比如当牛奶放置一段时间时，乳油会自动浮到表面，形成奶皮。在食品加工行业，人们对牛奶进行离心分离，以加快这一现象的产生过程。

所谓沉淀就是细微颗粒或微小油滴因与液体之间存在密度差，而出现的上浮或下沉现象，这与沉淀分离所产生的现象一样。

小食谱：一举成功的蛋黄酱

将蛋黄和蛋清分离，蛋黄置于碗中，根据个人口味，加少许盐和胡椒。

喜欢芥末口味的，可以加点芥末酱。

用打蛋器或打蛋机用力搅打蛋黄。

倒入一汤匙食用油，至少搅打 20 分钟。

一边慢慢地倒油，一边用力搅打，尽量打出一种细腻、能保持住的黏稠物，如果感觉总量已经够用，即可不必再添加任何佐料。

撞，甚至会聚合在一起……然后浮到表面上来，这款调味汁也就确确实实给"做砸"了。

现在我们手里所有的工具都已齐备，就差成功地做出蛋黄酱，而且每次都会成功。总之一句话，要让油滴大小均匀一致，而且越小越好，还要让它们紧密地聚集在一起。

因此，虽然以往因未掌握诀窍而屡遭失败，但只要按照这个菜谱去做，就能成功做出蛋黄酱。接下来，我们就可以做难度更大的色拉酱了。

蛋清色拉酱

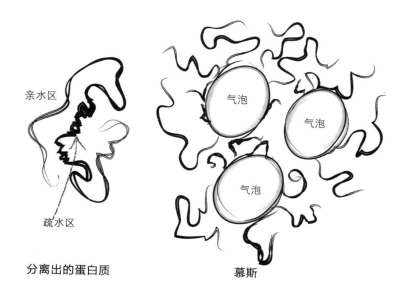

亲水区

疏水区

分离出的蛋白质

气泡

气泡

气泡

慕斯

我们现在应该去关注为做蛋黄酱而丢弃到垃圾桶里的鸡蛋清（当然有些人会拿这些蛋清去做马卡龙点心，但许多人往往都把蛋清给扔了，只把蛋黄留下来）。蛋清可以用来做慕斯（蛋清泡沫），因为蛋清中的蛋白质既有起泡特性，还有表面活性特性，它能把气泡分散到液体里。蛋清的亲水分子留在蛋清中的水分里，而疏水分子则跑到气泡的表面上。

小食谱：蛋清色拉酱

取一个色拉盆或一个家用搅拌机碗，放入一个蛋清，再倒入一咖啡勺食用油（按个人口味选合适的食用油）。

用力去搅打蛋清。你会注意到蛋清并未向上涌，因为这是一款乳浊液，而不是慕斯。

一边慢慢地倒油，一边用力搅打，直到将混合物打成色拉酱的样子。一个蛋清大概需要加300毫升食用油。

根据个人口味，再添加其他佐料。

正是出于这个原因，表面活性物质又被称为"表面活性剂"。因此，即使气体和水的密度差别极大，气体依然会封闭在液体里，这种气/液混合物还是相当稳定，完全可以用于料理。蛋黄酱不也恰好是由表面活性物质来稳定的吗？换句话说，蛋清中的活性蛋白质不是也能让色拉酱稳定下来吗？这不是和蛋黄当中卵磷脂所起的作用一样吗？从物理化学家的视角来看，既然蛋黄酱只是水/油/表面活性物质融合在一起的产物，那么用蛋清（内含水和表面活性物质）和油同样可以做出色拉酱。既然喜欢吃色拉酱，那咱们就尝试着做一款蛋清色拉酱。

这样一款色拉酱有什么特别的口味吗？我们脑子里总是在思索这个问题。

只有科学研究才能让我们把这些问题搞明白，只有将研究成果应用到实践当中，才能开创出更棒的厨艺。乍一看，蛋清和食用油（葡萄籽油、葵花子油、菜籽油等）混在一起几乎没有什么味道，而且它的好处似乎也并不多……除非你想让色拉酱里充满松露或香菇的香味。

每逢辞旧迎新的节庆时分，我们总想使出浑身的解数，去做点什么好吃的，因此我们会买许多名贵产品。比如，你想做一款充满松露香味的蛋黄酱，你很有可能采用传统方法，选用蛋黄、芥末酱（你会放上一勺芥末酱，以确保蛋黄酱能成功）、食用油，再加上几克松露。然而松露的香味会被浓重的蛋黄味和芥末酱味给盖过去。

小常识：慕斯和乳浊液，相同的较量！

在做慕斯时，由于采用了表面活性物质，我们最终将气体分散到液体里（液体要比气体的密度大多了）。当你摇晃一瓶肥皂水时，就会产生泡沫，因为气泡都被肥皂分子（表面活性剂）包裹住了。你越摇晃肥皂水，气泡就越密集、越稳定，但气泡也会消失得更快。我们最终明白要想始终保持这种亚稳平衡是不可能的。物理学告诉我们：

1. 气泡越小，气泡膜的表面张力就越大，气泡就会变得很稳定；

2. 粘性介质更有利，因为它会让气泡"保持"得更长久；

3. 重力会让液体往"下落"（形成引流）。气泡越大，液体的质量也就越大，就更容易形成引流；

4. 因体积不同，气泡之间会产生压力，压力差会让大气泡把小气泡吞食掉；

5. 气泡表面的静电力也起到一定的作用：具体来讲，假如所有表面活性分子的"头"都带电荷（相同的电荷），那么气泡就会相互排斥，以避免碰撞，并避免产生聚结现象；

6. 热扰动会破坏介质的平衡：温度越高，气

泡移动得越快，进而发生碰撞，有可能引发聚结。

　　根据这些主要参数，我们可以得出结论，在气泡体积大小十分接近，且尽可能小的前提下，慕斯会变得十分稳定，当然还要添加足够多的发泡剂，以便将所有气泡的表面都覆盖住（由于注入一定量的气体，且气泡体积都很小，因此表面张力只会随之增加）。慕斯的体积也会增加，但前提条件是必须要有足够多不间断的相位。因此，选择什么样的表面活性剂将对产品的外观及稳定

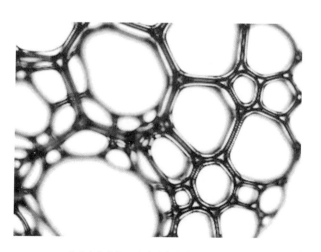

一款稳定的慕斯里会有许多连结在一起的气泡，
各气泡由极薄的液膜分隔开。
相邻气泡的角度呈120℃，
让人联想起六角形结构（蜂窝结构）。

性起到决定性的作用。

如果把气泡换成液滴（比如油滴），那你就能得到一款乳浊液。

这是真的吗？绝对是真的！慕斯和乳浊液都是分散体系（胶体），是受前文所描述的物理现象所支配而产生的。在乳浊液里，表面活性物（比如卵磷脂）全都分散到油滴的表面上，使其在水中保持稳定：在此我们又看到蛋黄酱的形成过程。

我们再看另外一个例子：牛奶也是一种乳浊液，因为牛奶恰好是通过酪蛋白而细腻地分散到水中的油脂，酪蛋白是一种表面活性蛋白。

然而，如果选用味道不那么浓重的介质，比如蛋清色拉酱，你就能吃出松露那微妙的香味！这个食谱要是选用榛子油、摩洛哥坚果油或罗勒油的话，那才真是绝配呢……只有吃过这样的色拉酱，你才能感受到这些食用油那细腻的香味。这个简单的例子再次说明，只有把厨艺当中每一个微小的细节搞清楚，才能真正品尝到每种口味的细微差别，品出其中某种口味的特殊香气。最终的结果就是，不需要花费很多钱，就能吃到人间美味，由此我们注意到，无论是用蛋黄，还是用蛋清，或是用整个鸡蛋，都可以做出色拉酱，而不必扔掉任何东西（当然蛋壳除外）。

烹熟的蛋黄酱及类似衍生物……

我们以传统的蛋黄酱为基础，既探讨了成功制作蛋黄酱的秘诀，又挖掘了厨艺的趣味性，尤其是研究了蛋清色拉酱的好处。我们可以将这方面的思索再向前推进一步，将一个新的设想也纳入这档厨艺之中，即利用蛋清的胶凝化特性。因此，既然我们能用蛋清制做出色拉酱，那就不妨将其放到微波炉里烹上十几秒钟，蛋清就应该被烹熟了！这款色拉酱还能烹饪？它会变得软塌吗？实际上，在凝固的过程中，蛋清将油脂的细微颗粒都封闭住了。这样烹熟的色拉酱可以切成一片一片的。你可以考虑用各种香气的食用油去调色拉酱，并利用新的应用手段，去制作从未有人体验过的口感，这种口感既柔滑又细腻。

你还可以用融化的巧克力来替代食用油，因为巧克力也是一种油脂，由此做出一款不含面粉的巧克力饼干，在微波炉里烘 20 秒钟，饼干就熟了。你还可以用融化的鹅肝酱来替代食用油，去做一款鹅肝慕斯。最后，你还可以用蛋白粉，而不用蛋清（其实对你最有用的是蛋白粉当中的蛋白质，而非蛋清当中什么滋味都没有的水分），去做一款鹅肝慕斯或一款葡萄酒奶酪慕斯。

泡沫状乳浊液

表面活性物既可以是发泡剂（若其喜水或气），也可以是乳浊液（若其喜油脂和水），或者两者同时使用。大豆（或葵花子）卵磷脂既能用来做乳浊液，也能用来做泡沫，有些饭店也将其称作"慕斯"，这样人们就不会把这两个东西搞混了，即便它们的物理特性十分相似。让我们再向前跨越一步，尝试着把乳浊液弄出泡沫来，这样我们就能做出一款泡沫状乳浊液，也就是说让气泡分散到液体里，而这液体本身又包含着其他液体的分散性液滴。

能不能举一个具体例子呢？人们常见的掼奶油就是典型的例子。实际上，稀奶油也是一种乳浊液（分散在水里的油脂），人们刻意使其膨胀（这是厨艺用语，意思是"一边往里充气，一边搅打"），直到做出一款疏松的奶油，这种奶油又被称为"泡芙"。针对那些喜欢做胶体的爱好者，我们可以用符号（G+L1）/L2来描述掼奶油，这个符号的意思是"分散到水里的气泡和微小油滴"。只要有水（L2）、食用油（L1）、气体（G），再加上能确保混合成功的表面活性剂，就能做出类似掼奶油的食品。

小常识：胶体

墨水、烟雾、发胶、蛋黄酱、汽车座椅发泡蜡、调和蛋白等，这些都是我们在日常生活中常见的胶体。当然这个词的定义还是太笼统，倘若某一体系能分散开，它即被认为是胶体质的。在水溶性方面，我们在料理过程中最感兴趣的就是水状胶体。在上文所举的所有例子当中，材料都呈颗粒状、滴状或气泡状，而且体积非常细微（约为2纳米—2000纳米），它们都细腻地分散在一个均匀的聚合材料里。因此有人说："1分散在2里"，并将此写为"1/2"，1和2的物理状态可以是固态（S）、液态（L）或气态（G），因此初步看来，我们可以创立9种类型的胶体。实际上，鉴于某一气体可以溶于另一气体当中，因此G1/G2状态是不存在的，这样就有8种类型的胶体。我们不妨再进一步去分析。

将油墨或油画放在显微镜下观察，人们会发现油墨或油画只是融化在溶剂里的固体颜料。

待晾干之后，溶剂挥发掉了，因此留在墙面上或纸面上的也就只剩下颜料了。油墨及油画其实就是固/液悬液（即分散在液体里的固体）。

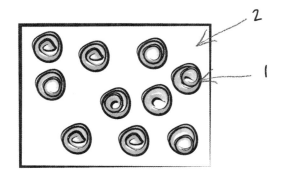

　　固体的微粒子极为细小，从而均匀地分散在整个液体里。尽管如此，食品加工业还要添加稳定剂（如抗絮凝剂、表面活性剂等），以确保分散。

　　液/固融合形成凝胶体；液1/液2（两种不可混合的液体）融合形成乳浊液；气/液融合形成液体泡沫（如蛋清泡沫，肥皂泡等）；气/固融合形成硬质泡沫（如聚氨酯泡沫、调和蛋白、面包芯等）。固1/固2相当于一种乳浊液，不过是固态乳浊液，这就是人们所说的混合集料（淡红色玻璃杯就是让金色细微颗粒分散到固态透明聚合材料里）。

　　而固/气及液/气混合在一起则构成气雾剂，它们既是固体，也是液体。在这两种情况下，固体微粒子（烟雾）或液体的细微液滴（发胶、浓雾、云彩）分散在气体里（气体既可以是空气，也可以是抛射剂）。

为了完善这些创新，并不断探索各种可能性，最好要为这些细微结构建立起模型，并再次重温那三个基本结构：慕斯、凝胶体和乳浊液。

从已知的口感到创新的口感

我们在第一章里描述了食品的分类，并用草图描绘了慕斯、凝胶体和乳浊液的形态，草图当中有空心的圆环，有实心的圆状物，还有纠缠在一起的线条。许多融入水（基底液）里的微小实心圆状物就代表着乳浊液，比如蛋黄酱、贝亚恩调味汁、荷兰酱、黄油白沙司等。

如果基底液很浓，那么在放入不同的食用油，或者放入不同量的食用油之后，乳浊液就会变得很稠，就像黄油或人造奶油那样，可以配制成其他食品，也可以涂抹在面包上食用……

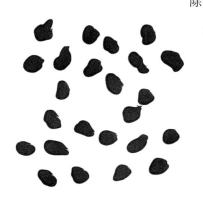

除了酸醋调味汁和黄油之外，我们还能发现其他介乎于这两者之间的食品，比如巧克力酱、花生酱、比利时姜味巧克力酱等。这些好吃的酱都是用乳浊化油脂做的！真想把这些好吃的酱也抹在热蜂窝饼和煎饼上！但无论物理化学家多么喜好美食，在他看来，这些食品都是液体，因为它们会流动。当然流动得快慢不一样，流动的难易程度也不同，但不管怎么说，它们是流动的。但有人说它们是很黏稠的呀。还有一些其他产品也可划归到"液体"的范畴里，比如牙膏、番茄沙司、蛋黄酱、人造奶油等。

上文所列举的液体世界非常有意思，因为这些液体的力学特性格外有趣。其中有些液体就是所谓的"流动流体"，当你按压（比如挤牙膏管）时，它就会像液体那样流动。相反，在没有外界压力的状况下，这些液体并不流动，其状态完全像是固体。而这恰好是消费者所需要的，当然也是制造商的研发部门所研究的对象。还有一些液体是"流动稠体"，其效应恰好相反，在外界压力的影响下，这些液体看上去像是固体，而在没有外界压力的情况下，它们又呈液态。水淀粉（水＋玉米淀粉）就具有这种特性：水淀粉虽黏稠，但你用手去搅动时，它又会在你手里流动，但当你用力去抓时，水淀粉又能在你手里形成一个黏黏的淀粉球。因此，这些液体（又称非牛顿流体）往往用来制作化妆品（比如护肤霜用手可以抹起来，但敷在皮肤上之后，又会变成液体），也用来制作糕点，还可用来制作特技演员的救生衣和防弹衣！就制作防弹衣而言，目前人们在研究将复合材料凯芙拉与流动稠体结合在一起，当遇到外力冲击时，流动稠体马上封闭住，像固体那样抵挡外力的冲击。手脚及脖颈是容易受伤的部位，但手脚和脖颈还要能够运动自如，因此我们不能简单地用凯芙拉纤维去保护这些部位。但如果将这些流动稠体分散到柔软的布料里（风帽、手套等），那么这种救生材料将会是极好的替代品。

不过，还是让我们继续说美食，尤其是说一说巧克力吧。板状巧克力是一种逆向的固态乳浊液。在板状巧克力里，是水分散到固态油脂（可可脂结晶）里。如果用示意图来表现巧克力，那么大家就会发现，有许多实心的小圆点（水）"淹没"在固体物的底部。这里的焦点问题与正向乳浊液的问题完全一样：就是如何成功地让两个不同形态的物体融合在一起，且融合之后还要能分散开，而这两种形态的物体是极难混合在一起的。

水（我们示意图的图底）里的大圆圈就代表着慕斯。打起来的蛋清泡沫、漂浮之岛、生调和蛋白等都是慕斯的表现形式。在烤制的调和蛋白里，甚至在漂浮之岛上的雪花蛋白里，蛋清已经凝固了，形成凝胶，并将空气封闭在蛋白固体结构里，这就是固态慕斯。面包芯也是这样形成的，谷蛋白的弹性结构将面团在发酵过程中形成的气泡保持住，这样看上去面团就膨起来了。一旦烤熟之后，面团的内部结构就呈蜂窝状了。面包芯就是一种固态慕斯。因此，我们以圆圈（气泡）来展示这些结构，这些圆圈分散在相互交错的线条（固态结构）里。

鉴于各凝胶体的硬度有所不同，我们刚刚描述的这种"网状慕斯"吃到嘴里时，或多或少会感觉有些韧劲。漂浮之岛的口感要比面包芯的松软多了，况且每一个面包芯的口感都不一样（面粉不同、面团的湿度不同、面包的软硬度不同）。只要增加凝胶体里的水分，不去烤制，或烤制很短时间（让面团形成轻微的网状结构），那么面团就会变得更柔软。不过别忘了这些凝胶体里几乎全是水！添加1%的琼脂就足以让100克液体凝结起来。换句话说，在我们面前颤动的果冻里面只含有水，但它却能挺立住！因此，我们大家都联想起那款颤巍巍的英式果冻，联想起那款著名的糖稀牛奶蛋糊……在制作及操作种种配制品时，这种可塑性也是一种限定条件。通过用虹吸法制作海绵蛋糕这个例子，我们可以更好地理解这种现象。

一旦将基石（即示意图里面的大圆圈、小圆点及线条）铺垫好，并给自己所熟悉的体系做出详细解释，我们就会在实践中更好地运用这些示意图，那么我们又该怎样去创新，怎样去创制新的菜肴呢？其实只需要让想象去自由驰骋，去画出多少有些复杂的组合形态图，接下来再去思量："我们所画的结构是什么呢？"再去琢磨："这东西能吃吗？"

片状醋酸调味汁

我们将小圆点分散着画在线条当中。这是一种凝胶状乳浊液。

这是什么意思呢？也就是说是一种醋酸调味汁，但却能切成薄片！一片西红柿，再加一片醋酸调味汁……基于我们对乳浊液和凝胶体所掌握的知识，怎么样才能把这种烹饪法变为现实呢？

要把胶化剂融入到醋里（若有必要，可以加一点水），然后将热油倒进去。最重要的是要以高于胶化的温度（琼脂的胶凝化温度为 >50℃）去实现乳浊化。将所有材料胶凝化之后，将其倾倒在面板上，使其迅速冷却。所有材料随后形成凝胶，并将油滴封闭在凝胶里。

我们在前文里已经介绍过蛋清色拉酱的例子，蛋清所形成乳浊液（蛋清里的水、食用油、作为表面活性剂的蛋白质）可以烹熟（比如放入微波炉里烹）。由此所形成的凝胶将油滴封闭在胶化物里，这就是一种凝胶状乳浊液。我们可以考虑把各种香味的食用油做成凝胶状乳浊液，还可以把蛋白粉经水合后再配上肉汁或蔬菜汁也做成凝胶状乳浊液。菜肴就这样创制出来，而且这一创新很容易！

小食谱：反转鸡尾酒

让我们再次利用油脂分散的概念，去创制一款由上至下色彩逐渐减弱的鸡尾酒。实际上，通常在调制鸡尾酒时，深色彩的酒液会沉到杯子的底部，因为糖浆（既有香气又有色彩）的密度要比果汁的密度大许多，深色的糖浆都"沉"到杯底。龙舌兰日出鸡尾酒是一款典型的色彩逐渐减弱的鸡尾酒：龙舌兰白酒与橙汁混合在一起，然后再把石榴糖浆倒入杯底。轻轻摇动一下，以确保红色与黄色之间形成过渡色。

我们可以先做一个实验，用来作样板，以检测我们所需要的效果：将两滴食用油滴入2毫升—3毫升烧酒（乙醇或药用酒精）里，然后用力摇晃。液体会变得浑浊，这证明你已经让油滴分散到烧酒里。然后轻轻地将这个混合物倒在一杯水

的表面上。白色的浑浊物会在水面上蔓延开，并留在酒杯的上部。油滴则分散到水与烧酒的混合体里。通过各材料之间的密度比关系，分散的油滴会漂在水面上。这样就可以制造出色彩由上至下逐渐减弱的现象。

让我们来到吧台前，把这个实验做成一款名副其实的反转鸡尾酒。要将这些已知的条件移植到带有香气的液体里，并注意味觉的平衡。那该选择什么样的食用油呢？选择哪种烧酒呢？选择哪种含水混合物呢？那我们再来看龙舌兰日出鸡尾酒……将两滴橙子精油分散到纯龙舌兰白酒里，再加入一点番茄红素（从西瓜或番茄里提炼的天然色素），然后将混合好的鸡尾酒倒入橙汁杯子里。红颜色就留在杯子的上部，而龙舌兰白酒就变成了……日落！（参阅彩页第16图：龙舌兰日落鸡尾酒）

16. 龙舌兰日落鸡尾酒

前面那杯是龙舌兰日落鸡尾酒（色彩由上至下逐渐减弱）。后面那杯是龙舌兰日出鸡尾酒（色彩是由下至上逐渐减弱）。

17. B52 魔方

胶凝化鸡尾酒（橙味利口酒、威士忌利口酒及咖啡利口酒），可以嚼着吃，代替了佐酒的薯片及炸花生。

18. 真空膨胀测试

同样的慕斯（分别用巧克力和胡萝卜制成）在常压下冷却（上）及在真空下冷却（下）结果。

19. 鸡胸

椰奶慕斯经真空冷却后制成。

20. 真空烹制的火焰炒蛋

21. 经真空膨胀并冷却的焦糖

22. 无色的"血腥玛丽"鸡尾酒

23. 经离心处理的番茄

将番茄汁放入离心机处理，将番茄肉（管底）、所含水分（管中）及纤维（管顶）分离开。番茄的颜色及香气也因此而分离开。这样，"血腥玛丽"鸡尾酒就可以做成无色的，但依然保留番茄的芳香气味，绝对是"有益健康的绿色"饮品。

24. 液体法式苹果挞

由于采用离心分离技艺，液体糕点的概念便应运
而生。这里展示的是液体法式苹果挞，用带焦糖
色的苹果汁及面浆水制成。

25. 贝利尼鸡尾酒

采用低温浓缩技术及液体硅藻，可以将各种味道在低温下浓缩，并以全新的形态呈现给消费者。藻朊酸球内含玫瑰红香槟酒和桃子果肉。

26. 粉状果汁朗姆酒

27. 沸腾的红果 – 黑果

欧洲越橘酱充入二氧化碳后，再与柠檬汁发生反应，形成慕斯（二氧化碳与柠檬酸中和）。慕斯的颜色在逐渐发生变化（花色苷的色素与柠檬酸发生反应）。

28. 厨艺演示会

蒂埃里·马克斯和拉斐尔·奥蒙在厨艺演示会上。

咬着吃的慕斯

　　这一次我们把大圆圈画在线条里。我们要做的是胶凝化慕斯。荷包雪花蛋白算是这一类慕斯吧，但我们要做的尤其是那些不含蛋清的新型慕斯。具体来说，我们将胶化剂分散到果汁（或菜汁）里，然后将混合好的液体倒入一个虹吸瓶里。接下来，取一罐气体并将气体打入虹吸瓶里，然后使其冷却。于是配制品里便生成很多气泡，而这一配制品正处于凝固的过程。胶凝化的慕斯就做好了，而且还是水果慕斯。我想强调的是，这并不是奶油冻甜点那类的慕斯，也不是果酱土司或打出泡沫并配上果汁香味的白奶酪。不过在配果汁时，还是要格外谨慎，因为把蛋清打出泡沫之后，往往会在泡沫或在掼奶油上直接浇一些带香气的液体（咖啡、果汁、果子酒），以便给慕斯带来更多的口味，但是你不能浇得太少，如果太少（或液体太淡）就感觉不到香气了；可你又不能浇得太多，这样就会让配制品变得稀释，泡沫很快就消失了。采用胶凝化慕斯这项新技艺，我们只用果汁，既不用鸡蛋，也不用糖，更不用奶油，这款食品里只有水果。口味可以说是无与伦比，因为它更接近原汁原味（参阅彩页第 1 图）。

小食谱：虹吸法制作海绵蛋糕

　　这个小食谱适合大部分液体，只要这些液体不含丰富的油脂即可。

· 将4克琼脂分散到350毫升液体里。放火上烧沸。

· 将液体倒入一个虹吸瓶里，再注入一罐或两罐气体，这要看你用的虹吸瓶是否足够大。

· 将液体放凉至50℃。最好在温度刚好高于胶凝化温度之上时动手做，如果做得太早了，配制品会很稀，慕斯尚未成形就变得软塌了；但也不能做得太迟，否则配制品在虹吸瓶里就凝固了，既拿不出来，也不能做成各种形状了。

· 将慕斯取出，倒入模子里（形状凭个人喜好来选），马上将其置于凉爽处。这款慕斯的口感轻柔、有质感，就像一款海绵蛋糕……当然，这款慕斯还可以加热到60℃，这样就可以考虑去做甜、咸口味（蔬菜慕斯）的热配制品。根据液体的不同黏度（果汁、浓汁、蔬菜泥），琼脂的添加量要随之调整。大家肯定注意到，这是一种蜂窝状的甜点，既不用面粉，也不用鸡蛋，甚至不用放在烤箱里烘焙！现在该轮到你去做胡萝卜糕点，去做蔬菜慕斯，去做无面粉的朗姆酒水果蛋糕、不含鸡蛋的蛋奶酥，当然还有其他难以制作，味道却很鲜美的创新菜肴在等着你！

超级海绵蛋糕

如果要做类似前一个小食谱那样的海绵蛋糕，我们还可以用另外一种方法，即在真空下冷却，以便让蛋糕中的气体膨胀开来（这也正是我和蒂埃里·马克斯的做法）。实际上，当压力降低时，体积就会增大。因此通过虹吸瓶所产生的气泡会在真空作用下膨胀，即便蛋糕已经冷却，琼脂已经胶凝化了，气泡也还在膨胀。气泡被封闭在琼脂的结构当中（参阅彩页的第 18 和第 19 图）。

实验证明，常压下冷却的蛋糕和真空下冷却的蛋糕，其口味完全不一样。这主要是受体积的影响，尤其是受膨大的表面积影响，

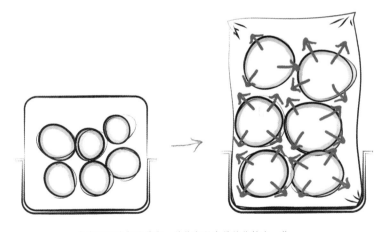

在真空下冷却的慕斯，其体积很容易就能扩大一倍。

增大的表面积有利于滋味分子向外渗透，只有经过真空冷却，慕斯的表面积才会增大。根据这个原理，我们做出一款巧克力蛋糕，这款黑森林蛋糕只用巧克力、矿泉水和海藻琼脂，蛋糕的卡路里含量非常低，但其巧克力口味却无与伦比。基于同样的设想，我们做出一款鲜胡萝卜慕斯，然后让牛肉汁浸透到慕斯里，这样就做出一种极有特色的胡萝卜牛肉配菜。

最近，我们用孔泰干酪做了一款膨胀慕斯，接着将其切成小方丁，并以120℃高温做脱水处理，这样就做出有色彩的面包丁，但这面包丁里既没有面粉，也没有谷蛋白，但口感及味道和洋葱汤里的面包丁相差无几。

要想得到这样的结果，就要弄清楚究竟什么是慕斯，弄清楚"胶凝化温度"究竟是什么意思，同时要摆脱传统菜谱的束缚，要意识到慕斯并不一定是由蛋清和发泡奶油混合而成的产物。另外一个很重要的因素：一定要选用能抗热（>60℃）的植物胶化剂（比如琼脂），采用这种胶化剂就能做出热蔬菜慕斯。创新的范围也会由此变得更加广阔，新型配菜也会应运而生（慕斯状蔬菜泥、魔方状甜点等）。

新型攒奶油

假如把圆点和圆圈都分散开，那么我们会同时得到一款乳浊液和一款慕斯吗？当然可以，我们得到的是一款慕斯状乳浊液。这是一种创新食品吗？不是，其实人们早就知道这种食品了，正如我们在前文所介绍的那样，牛奶慕斯、奶油泡沫以及掼奶油等都属于这类食品。牛奶和奶油都是乳浊液，因为液体中不但包含

很多水分，还包含油脂。这些油脂被分散成细微的液滴，这类液滴又称为胶束。液滴碰到一起时，照射在液滴上的光朝各个方向反射出去，当然也投映到我们的眼睛里，这就是为什么我们看到这类配制品时，它们都呈白色不透明液体的原因。相反，T恤衫之所以在我们眼里呈黑色，那是因为它把所有的光辐射都吸收了，以至于没有任何光线能反射到我们眼睛里。当我们搅打这些液体（厨艺的准确用词是让这些液体膨胀）时，气泡都被封闭在混合液里，而配制品则"开始发泡"。这里面有两个原因：液体或多或少有些浓，气泡也就或多或少难于膨胀起来；酪蛋白是牛奶和奶油里所包含的天然表面活性剂，它打入油脂／水界面以及气体／水界面里，以确保油脂和气体能分散到水里。认识到这一点之后，我们就会明白，用虹吸法去做掼奶油是很容易的，因为我们不需要把碗弄凉，再等上两个小时，接着再用打蛋器去搅打，这会把液体打得到处乱飞！我

小食谱：纯巧克力慕斯

你可以采用自己喜欢的辅料去做这款慕斯。

取约150克巧克力，放入约150克水（或其他带香味的液体：茶水、橙汁、咖啡等），放在锅里融化。虽然我反复强调投入量要精准，但我还是注明一个大致的量，因为小食谱要根据你所用的巧克力来调整。如有可能，可以先试做一下，去体验最佳的口感。

用力去搅打乳浊液。将乳浊液放入虹吸瓶里，向里面灌气体，让乳浊液生成泡沫。

待虹吸瓶完全冷却下来之后，放入冰箱里。

们甚至可以去设想把所有的乳浊液都做成慕斯！这将给我们开创出更美好的前景，我们就能做出慕斯状白黄油酱、"泡沫状"蛋黄酱、纯巧克力慕斯（可不是巧克力味慕斯啊）等食品。

这个小食谱做起来非常简单，一款轻柔的纯巧克力慕斯很快就能做好。尤其是这款慕斯只用巧克力和（无味道的）水。换句话说，吃到嘴里的唯一味道，就是巧克力味。除了采用虹吸方法之外，我在此要强调的是，分子料理做出的食品更接近于食材的原汁原味。这个小食谱是对那些贬低分子料理者的最好回击，我们很高兴能把分子料理的好处一一列举出来！"典型、传统的"巧克力慕斯究竟是怎么做出来的呢？一般来说，人们会使用蛋黄，然后加糖将蛋黄打成乳白色，那么问题就来了：将蛋黄打成乳白色究竟派什么用场呢？是否有人已证明做英式奶油、糕点奶油有什么意义呢？接下来要把巧克力放入隔水炖锅里融化，这时候往往还要加一点黄油，将这两种配制品混合在一起。然后把蛋清泡沫小心翼翼地掺入这几千大卡的配制品里，真正的挑战从这时起才算拉开序幕：要把蛋清泡沫轻轻地倒入配制品里，搅拌均匀，但不能搅得过头，否则蛋清泡沫就会塌下去。给这款蛋糕带来慕斯口感的恰好是蛋清泡沫（卡路里含量很高呀）。我们再来看看最基本的东西，当我们（尤其是大厨）为客人做一款巧克力慕斯，或者自己享用巧克力慕斯时，我们希望吃到什么样的口味呢？比如，一个大厨希望让我们品尝到特殊口味的巧克力，于是便将其制成松软可口的巧克力慕斯，而巧克力是用产自委内瑞拉边远地区的可可粉制作的，可可粉含量高达85%。正像特级葡萄酒一样，优质巧克力也属于名贵产品，既然如此，那为什么要把这种带有特殊香气的巧克力融入掺杂着蛋清、蛋黄、糖和黄油的配制品里呢？其次，人们真的需要这些辅料去改善慕斯的口感，同时让慕斯的卖相更好看吗？此外，我们能不能不去吃这些多余的卡路里呢？吃过饭之后，眼瞅着那款巧克力慕斯就放在甜品柜里的一个托盘上缓慢地转着，你也不必为贪婪地瞅着它而感到后悔，尤其是那上面还放着一根让人难以忍受的俄国烟卷。是的，这些我们是可以做得到的！是凭借"分子料理"做到的吗？我也不太清楚，但我们可以说，在弄明白什么是巧克力味慕斯（慕斯状乳浊液）的同时，我们已能做出纯巧克力慕斯，而且仅仅用巧克力和水，不添加任何其他辅料！而追求至善至美的美食家在做这款慕斯时只采用矿泉水和优质巧克力。这样做出来的巧克力慕斯味道更纯正，口感更细腻。至于说卡路里，它至少可以降低 20 个因数。

坏心眼：哼，你不是一直喜欢吃巴黎－布雷斯特（Paris-Brest）车轮泡芙吗，你倒是吃呀！

塔兰神父：你别给我添乱了，你这是在浪费时间呀！

坏心眼：这泡芙要是像外婆做得那么好吃该多好呀。喂？你至少得吃一口吧。

《天使保镖》（*Les Anges-Garoliens*，1995），

让－马力·普瓦雷（Jean-Marie Poiré）

我们可以把巧克力慕斯的这种结构移植到其他油脂及芳香液体

里。我们已经搞清楚这种结构的"秘诀"就在于要将油脂、液体（含水的）以及气体混合起来。我们可以尝试着用白葡萄酒（在化学家看来，它和水很相似）、鹅肝酱或软奶酪去做慕斯。这样我们就能做出蒙巴奇亚克葡萄酒味的鹅肝慕斯，或者做出苹果酒味的布里奶酪慕斯，所用的技法和做巧克力慕斯的完全一样：先把油脂类的食品（比如鹅肝酱或软奶酪）在葡萄酒中融化开，然后再把混合物放入虹吸瓶里冷却。这种新型慕斯可充当佐酒零食、头盘菜或饭后奶酪来食用。好了，该你们大显身手了！

不含明胶的奶油果冻甜点

将那些圆点和圆圈都分散开，即使它们被封闭在某一网状结构当中。在此我们会看到一种凝固的慕斯状乳浊液。奶油冻甜点就是一个典型的例子，因为掼奶油、增稠的英式奶油（添入明胶增稠）以及水果泥全部同时放在一起，并被倒入一个模具里冷却。这样得出的结果是，整个果冻甜点的质地呈轻微的蜂窝状，柔软且富有弹性。但如果我们能把气体灌入这个

混合物里，并将油脂类滴液分散到整个凝胶体里，我们就能做出一种质地相似的食品。通过调整气体与胶化剂的比例，我们甚至可以考虑去做比奶油果冻甜点的质地更蓬松的甜点。要想做出这样的甜点，最好要用比明胶性能更好的胶化剂，这种胶化剂能把更多的气泡封闭并保持住，与此同时还不让配制品塌下去。用明胶做出的甜点太软了，而且明胶很难让甜点做出膨胀的效果。我们在前文所举的例子（巧克力慕斯、布里奶酪掼奶油以及鹅肝酱掼奶油）都可以被胶凝化，因为即使采用同样的食材，我们也能做出各种不同质地的甜点，这些甜点吃到嘴里的感受当然也会截然不同。

液体糕点、无色番茄以及其他离心处理效果

此前所介绍的配制品都有一个共同目标，那就是要让混合物保持稳定，并分散开，而这些或多或少相当复杂的混合物是由水、油脂及气体组成的。我们知道这些配制品要是真做起来并非轻而易举，沉淀分离或沉淀作用会趋于将气体、水及油脂分离开，甚至有可能让配制品"塌陷"下去。

不过，我们在此正是要利用这种分离现象，大家只要完全掌控分离作用，它也能帮助我们去创新！那么该如何去分离，如何去破

坏固有的结构呢？

离心分离工艺也可用于烹饪，可对某一食材的不同品质进行离析和分离，因为食材品质不同，密度也会有所不同，这也正是分析化学实验室所做的常规实验。我们所做的创新并非采用这项工艺，因为这一工艺早已尽人皆知，而是将离心设备用于一个此前从未有人涉足的领域。

为什么会萌生将番茄汁放入离心机（每分钟 4000 转）里处理的设想呢？然而……有什么更好的办法将番茄里的果肉、纤维及水分离开呢？与我们常见的番茄汁不同的是，经过离心机处理过后，你会有三种口感，三种滋味，当然还有三种不同的颜色！新款"血腥玛丽"也就问世了：这是一款用无色番茄汁做的鸡尾酒（参阅彩图第 22 和 23 图）。不破不立。在探讨这一设想并仔细分析各种实验结果的过程中，我们注意到，经过离心机处理之后，在一刻钟之内我们就能将汤汁或浓汤滤清，但又能保持食材的原汁原味。而且不必劳神要为浓汤撇去泡沫和浮渣，也不必往汤汁里加蛋清来滤清，更不需采用其他既费时费力、效果又差的技法。其实我们只是让物理学（离心力）在发挥作用，而且采用的是最自然的方法。现在我们再来做一个创新，把碎面团浸泡在矿泉水里，再把碎面团和水形成的面浆放入离心机的管子里……经过离心处理后，就得到一种"面浆水"，一种全新的概念由此应运而生，这就是液体糕点。蒂埃里·马克斯已做出一款能喝的法式苹果挞、一款液体泡沫糕点以及许多其他糕点，这些糕点很难做，但味道确实非常棒！对于每个酒吧来说，这一创新能满足许多客人的需求，因为这些客人不想喝含酒精的鸡尾酒。

尾 声

漫步红森林

不管怎么说，

寒冬里色暗干枯的大树倒像是一种抽象雕塑。

我最感兴趣的还是枯槁树枝的轮廓，

以及它们在空中摇曳的姿态。

——皮埃尔·苏拉热[1]

---

1 皮埃尔·苏拉热（Pierre Soulages，1919— ），法国著名画家、版画家
兼雕刻家。

艺术、科学及厨艺

究竟是艺术还是科学，是激情还是理智？研究员甘愿默默无闻地躲在自己发明的背后，希望他的创新能被世人所接受，能得到赏识者的改进，能被人质疑，甚至希望能被新的创新所取代。世上仍存在利己主义的争夺，这一点不用隐瞒，但我们知道，在经过几年或几个世纪之后，我们的研究将归结为沧海一粟，甚至成为过时的东西。每一篇科学论文都代表着一种艺术的形态，使人联想起前人的研究成果，但很快就有人提出质疑，并推出新的假设，由此推动科学研究向前发展。惊天动地的科学发现真是少之又少，千万别期待着掉下来的苹果会唤醒一个科学天才。科学进步是微不足道的，因为科学知识正是在日复一日，一篇接一篇论文的基础之上创建起来的。科学进步的速度几乎让人难以察觉，即使它依然充满发展的活力，却也让人难以感觉它在向前迈进。同样，某一体系的热动力变化往往也是令人难以察觉的，因为人们总是设想这一体系每时每刻都处于均衡状态，而且总是处于从A状态到B状态的任意一点上。当我们照镜子的时候，不是也会感觉自己和昨天差不多，和明天相比又不会有太大区别吗？不过，最终的结果并非微不足道。科学研究也是按照这个节奏向前推进的，即使确实在小范围内曾有过一定深度的科学发现。无论是知识的积累，还是科学的发展，其每天的增量变化是难以察觉的，但这个变化却是实实在在。

正常情况下，一件艺术品会一代代流传下去。这件艺术品既不会被人修改，也不会让人添枝加叶，这一点和科学发现截然不同。一件作品只要去面对公众就能存在于世，而一项科学发现则要经过因果关系、定律、理论与实践应用的检验才能得以生存下去。令人感到难以置信的是，一件作品之所以会打动观众，并不是因为它向公众讲述了作品所采用的技法、所构思的思路，恰恰相反，虽然技法和思路对作品的创作极为重要，但它对此却讳莫如深。只有能调动观众情绪的东西才是最重要的。只有最狂热的艺术爱好者才会去关注作品在创作过程中所采用的技法（油画刀、毛笔、叠印、光干扰等）。然而，在厨艺方面，菜肴首先要做得漂亮，其次要做得好吃，还要能让我们怦然心动。这里既不能用表面活性剂，也不会将烹饪温度调到 56℃或 58℃……尽管如此，厨师和画家一样，应该完美地掌控他们的技艺，在创作新的菜肴或从事艺术创作的过程中，不能凭想当然去碰运气。我相信，无论是普及科学文化知识，还是传播人所掌握的学识，都应立足于严谨的科学态度。首先要营造出一种激情，接下来再去考虑各种各样的问题。

如果艺术和科学都能意识到各自的局限性与困境，那么二者携手并进也就成为顺理成章的事了，虽然这两个世界乍一看毫不相干。尽管如此，我们还是应该超越艺术—科学、艺术家—科学家、知识—本能、理智—情感以及其他二元性的范畴。艺术与科学的结合首先是源于两者的碰撞，源于一位艺术家与一位科学家的邂逅，两人都希望向更高的境界、更远的征途迈进。有许多科学家在从事科研活动之余，也热衷于从事各种艺术活动，如写作、绘画、雕刻、作曲等，同样许多艺术家在创作过程中也采用高超的技法以及系统化的研究手法，这一手法既严谨又富有条理性。到底是艺术家还是科学家？是艺术家兼科学家吗？既不是"还是"，也不是"兼"：两者既不会完全重叠，也不会相互排斥，而是在同一领域里分享消遣。双方的大门都是敞开的，各自的隔板比表面看上去的还要模糊不清。畅游于这两者的分界处真是太美妙了。电影的问世过程就是最佳的例证：动物生理学家一直在设法弄清楚动物是怎样跑动的。为了解开这个科学之谜，他们和摄影师埃德沃德·迈布里奇[1]合作，迈布里奇对科学和技术非常着迷，发明了一台相隔一定时间连续拍照的照相机。动作连续摄影法便由此而诞生，这样就可以弄明白马[《运动中的马》(*The Horse in Motion*，1878)]及其他动物是如何奔跑的。这项研究后来发展很快，一系列摄影作品也由此问世，这些兼有艺术与科学特性的作品一直在世界各地的博物馆巡回展出。若干年过后，照相机的拍摄速度有了明显提高，于是摄像机

---

1 埃德沃德·迈布里奇（Eadweard Muybridge，1830—1904），系最早采用多台相机拍摄运动物体的著名摄影师。

便得以问世。卢米尔兄弟借鉴了这项研究成果，并对此加以改善，由此开创了电影事业。以上发展过程的每一阶段之所以能取得重大成果，都是和科学家与艺术家密切配合分不开的。

我本人是厨艺化学家，因此得以在科学与某种艺术表现手法之间自由驰骋。2012 年 4—6 月间，我有机会和蒂埃里·马克斯及摄影师玛蒂尔德·德雷科泰（Mathilde de l'Écotais）一起工作。在巴黎的科技馆里，我们三个人向公众展示自己是如何与饮食文化结缘的。在这次展会上，我们借助投影仪再次回顾了自己的研究方式、创作手法、实验室里的基础研究，好像刻意去突出显示食材和菜肴似的。

变分法方式

这一合作促使我们朝更远的目标迈进，去开拓我们从未涉足的领域，这些领域单靠我们自己是无法"自然而然"涉入的。将我们紧密联系在一起的恰好是厨艺那充满活力且又不断发展的前景。如今，一道菜肴可以当着客人的面来演变：这道菜吃到最后一口时，其口味及口感与第一口完全不同。要想做到这一步，就必须把（物理化学）反应以及时间（反应时间、饧的时间、品尝时间、配制品保持的时间）考虑进去。比如，我们来举红森林／黑森林的例子。

蒂埃里一直尝试着去改进黑森林糕点，希望能从口感和卡路里含量方面入手，把这款糕点做得清淡一些。于是，我们就推出一款膨胀型巧克力蛋糕，膨胀过程是在真空下完成的，这是一款蜂窝结构的超级海绵蛋糕，整个蛋糕只用巧克力。我们开发出这种新技艺，并将其应用于其他配制品当中。红果经过处理之后，做出一款浓汁，其品相令人震惊：我告诉蒂埃里，红果（黑茶藨子、桑葚、黑樱桃、覆盆子、欧洲越橘）之所以呈红颜色，是因为这些果实里含花色苷，这是一种对醋酸很敏感的色素，他完全可以利用这一特性去做糕点。我做测试给他看，在化学领域人们常拿紫甘蓝做测试：把紫甘蓝放入酸媒介或碱媒介里，它的颜色就会发生变化，其色素就会变红或者变为深蓝色。此外，在探讨酸基反应时，我还利用 pH 值测试表，给他演示中和反应及沸腾反应（比如二氧化碳 + 醋所产生的反应）。我们马上就萌生一种想法，要做出一款沸腾的慕斯，它能当着客人的面变换颜色。巧克力蛋糕下垫着一层薄薄的香草口味掼奶油，将其放在一个黑色的浓汁里，随着服务员将柠檬汁慢慢地浇在蛋糕上，蛋糕逐渐被一团红雾包裹住，而且突突地冒出微小气泡（参阅彩页第 27 图）。只有在实验室和厨房里反反复复做实验，才能巧妙地控制二氧化碳及柠檬汁的用量，把浓汁做出所期待的那种口感，而且还能让慕斯保持住。我的学生先去学习如何控制醋酸的用量，接着再和厨师一起采用真空方法做测试，以便能做出蜂窝结构的蛋糕。学生与厨师的合作很有成效：学习化学的学生最终明白，他们在阶梯教室里生吞活剥学到的知识还是能够派上用场的，而且可以应用于许多行业里。而职业厨师及学徒们也都注意到，一定要到知识宝库里汲取营养，才能进步，才能向前发展。蒂埃里将这款黑森林蛋糕做成一款著名甜点。如今，他的合作者都使用 pH 值测试表去控制水果泥的酸度，控制蔬菜的烹饪时间，对尚未成形的配制品适当地添加"寒天"海藻琼脂的用量。我们还利用真空设备去创制蜂窝状的糕点，并尝试着把这一技艺应用到其他配制品当中。

从我这方面来说，我曾让学生们利用 pH 测试法以及光谱测试法（研究吸光光谱及色彩光谱），去控制酸基的用量，这项研究很有创意。

在研究红色葡萄的过程中，我们一直在琢磨花色苷究竟是在葡萄肉里，还是在葡萄皮里，想搞清楚葡萄肉是怎么被包裹住的。葡萄很像藻朊酸盐在囊包里形成内膜的结构，于是我们就开始研究超薄、结实的内膜：该怎样去模仿大自然，把内膜尽可能做得最薄、最结实，并让它容纳更多的水呢？这项研究要比做藻朊酸盐小球的难度更大，内膜囊包的研究目前仍在进行当中（参阅彩页第 15 图）。

摄影师玛蒂尔德则研究出新的摄影技法，以便把一款正在沸腾冒泡的菜肴、一款随着时间推移不断变化的菜肴拍摄下来。她对天然色素的研究非常感兴趣，开始学习色素天然萃取法，学习用食品色素去绘画、摄影（早期的相纸是用马铃薯淀粉制作的，相纸遇碘后会变成蓝色）。于是，我们很快就去研究摄影史、电影史，去研究晒图纸。早期的摄影图片是靠光在铁色素（铁氰化合物）上生成反应而制做出来的：在紫外线的作用下，色素由淡棕色转变为深蓝色。早期的相片（又称晒图纸）是用透明纸去晒制，通过控制进光量的多寡，将负片上的影像复制到相片上。玛蒂尔德再次采用这项技术，不过她的拍摄对象是食品，色彩则以深蓝色调为主，在或多或少刺眼光线的影响下，水果和蔬菜的基本成分（纤维、水、细胞）已变成线条、径迹及略带抽象色彩的痕迹。那句"用光线来书写" [《照片涂鸦》（*Photos graphein*）] 的名言在此得到充分的展示。

艺术、科学及高档料理

我们所采用的方法就是科学研究的方法，是一种变分法的问题体系：一个最初提出的问题会有十几种不同的解答方案。我们只选择其中的一个方案，但其他方案也都很快出现在我们眼前。有些方案中途夭折了，有些方案没有出路，还有另一些方案被暂时搁置一边，只有一个方案最终可以解答这个问题（参阅下图，这是为黑森林糕点所做的研究而绘制的）。但这个问题解决之后，我们也就不再去关注它了，因为又会有新的问题体系出现在我们面前。科学实验的方法就是要去出征，要去探索新的道路，不要考虑近期会达到哪个目的地。况且，科学研究是没有终点线的，这一终点线要么一直在向前移动，要么就是移到其他看不见的地方。爱丽丝的兔子始终在奔跑……[1]

因此，在科学研究领域里，每天都会发生意想不到的事情，一成不变的陈规旧律难以在此立足，贪图安逸是搞不好研究的。随着新发现被揭开，新成果被披露，科学家先是欢欣鼓舞，而后又疑惑重重，这样的状态将会始终伴随着科学家。科学研究就像人的情绪那样，始终变化无常，但总会获得好的结果！幸好，人内心的正能量要远远胜过遭遇失败的苦恼，因为人希望达到顶峰的意志始终坚定不移。向顶峰攀登的壮志一直在激励着科学家，而且让所有科学爱好者激动不已。

1　典出英国作家刘易斯·卡罗尔（Lewis Carroll）的小说《爱丽丝奇遇记》。

陈述
方法
试剂
测试
探索
基
酸碱度
酸性
柠檬
水果汁
新型厨具
酸碱度仪
"动态"菜肴
厨艺革新
花色苷
酸碱度
对酸性敏感的色素
葡萄
原始蛋白含量
80% 水
果皮中的花色苷
厨师
与
艺术家
化学家
传统黑森林蛋糕
科研
可吃的瓶子

再制黑森林蛋糕树状思维导图
©C. 弗里茨